AKADEMIE DER WISSENSCHAFTEN UND DER LITERATUR

ABHANDLUNGEN DER
MATHEMATISCH-NATURWISSENSCHAFTLICHEN KLASSE
JAHRGANG 1986 · Nr. 1

Statistische Zusammenhänge zwischen Ernteertrag und Großwettergeschehen in Europa

von
DIETER KLAUS

Mit 20 Abbildungen und 3 Tabellen

AKADEMIE DER WISSENSCHAFTEN UND DER LITERATUR · MAINZ
FRANZ STEINER VERLAG WIESBADEN GMBH · STUTTGART

Gefördert durch das Bundesministerium für Forschung und Technologie, Bonn,
und das Ministerium für Wissenschaft und Forschung
des Landes Nordrhein-Westfalen, Düsseldorf

Vorgelegt von Hrn. Lauer in der Plenarsitzung am 29. Juni 1985
zum Druck genehmigt am selben Tage, ausgegeben am 10. August 1986

CIP-Kurztitelaufnahme der Deutschen Bibliothek

Klaus, Dieter:
Statistische Zusammenhänge zwischen
Ernteertrag und Großwettergeschehen in
Europa / von Dieter Klaus. Akad. d. Wiss.
u.d. Literatur Mainz. – Stuttgart :
Steiner-Verlag-Wiesbaden-GmbH, 1986.
(Abhandlungen der Mathematisch-
Naturwissenschaftlichen Klasse / Akademie
der Wissenschaften und der Literatur ;
Jg. 1986, Nr. 1)
ISBN 3-515-04578-3

NE: Akademie der Wissenschaften und der
Literatur ⟨Mainz⟩ / Mathematisch-
Naturwissenschaftliche Klasse: Abhandlungen
der Mathematisch-Naturwissenschaftlichen ...

© 1986 by Akademie der Wissenschaften und der Literatur, Mainz
Satz und Druck: Schwetzinger Verlagsdruckerei GmbH, Schwetzingen
Printed in Germany

Inhaltsverzeichnis

1. Zusammenfassung 5

2. Einleitung 6

3. Daten 7

4. Trend der Ernteerträge 10

5. Korrelation zwischen Großwetterlagen und Ernteerträgen 15
   a) Getreide allgemein 15
   b) Weizen und Hafer 20
   c) Kartoffeln und Rüben 21

6. Ähnlichkeiten der Erträge in Raum und Zeit 26

7. Ernteertrag und Witterung während der Vegetationsperiode 33

8. Hauptkomponentenanalyse der Großwetterlagen 39

9. Diskussion 45

Literatur 47

1. Zusammenfassung

Die jährlichen Hektarerträge wichtiger landwirtschaftlicher Produkte zeigen für alle europäischen Nationen im Zeitraum 1956–1981 einen hochsignifikanten Trend.

Zwischen den jährlichen und jahreszeitlichen Häufigkeiten der Großwetterlagen bzw. den Häufigkeitssummen unter bestimmten Gesichtspunkten zusammengefaßter Großwetterlagen und den trendbereinigten Hektarerträgen wichtiger landwirtschaftlicher Produkte bestehen in Teilen Europas signifikante korrelative Beziehungen. Es kann insbesondere gezeigt werden, daß ein Häufigkeitsanstieg der Westlagen in Küstennähe Ertragssteigerungen bei Getreide auslöst, Häufigkeitszunahmen der NW-Lagen hingegen im gesamten europäischen Raum Ertragsrückgänge bedingen. Hochdruckgebiete in Osteuropa führen zu Ertragseinbußen in Finnland, SE-Europa und Spanien, während in Westeuropa Ertragssteigerungen bei Getreide zu belegen sind. Häufigkeitszunahmen der zonalen Großwetterlagen führen in der Tendenz zu Getreideertragsrückgängen in Süd-, zu Ertragssteigerungen in Nord- und Mitteleuropa. Der Zusammenhang zwischen dem Getreideertrag und der Häufigkeit meridionaler Großwetterlagen ist in Mittel- und Südeuropa positiv, in Nordeuropa negativ. Hohe Häufigkeiten der gemischten Zirkulation sind im gesamten europäischen Raum mit Getreideertragsrückgängen verbunden.

Trogpositionen im Westen des Kontinents bedingen ein Absinken der Getreideproduktion in Nord- und Mitteleuropa. Bei östlicher Trogposition über dem Kontinent kehrt sich das Raummuster der Getreideertragsverteilung um. Ähnliche Beziehungen können für andere wichtige Ernteprodukte aufgezeigt und ursächlich begründet werden.

2. Einleitung

Die Höhe der landwirtschaftlichen Erträge wurde in der Menschheitsgeschichte entscheidend durch das Auftreten oder Ausbleiben von Klimaanomalien bestimmt. Der Wechsel guter und schlechter Ertragsjahre galt als Regelfall.

Die Züchtung neuer Varietäten, hohe Kunstdüngergaben, Mechanisierungsmaßnahmen sowie der Einsatz von Insekten- und Unkrautvernichtungsmittel führten im Ablauf dieses Jahrhunderts zu einer enormen Ertragssteigerung. Es entstand in den fünfziger und sechziger Jahren dieses Jahrhunderts der Eindruck, daß die Ertragshöhe durch Klimaanomalien kaum oder garnicht mehr beeinflußt wird (Butz, 1975).

Extreme Klimaanomalien im Ablauf der siebziger Jahre erzwangen aber die Einsicht, daß trotz des technischen Fortschritts die landwirtschaftlichen Erträge auch heute noch wesentlich durch die Variabilität des Klimas mitbestimmt werden (Thompson, 1975; Impact-Team, 1977; Schneider, 1978). Spürbarer als langfristige Trends der Temperatur- und Niederschlagsentwicklung wirken sich die Fluktuationen dieser Parameter von Jahr zu Jahr auf die Ertragshöhen aus.

Ziel dieser Arbeit ist es, großflächig auftretende Ertragsschwankungen wichtiger landwirtschaftlicher Anbauprodukte im europäischen Raum in ihrer längerfristigen Beziehung zum Klima zu untersuchen.

Es sollen nur großräumige, weite Teile Europas betreffende Zusammenhänge zwischen Klima und Ertrag behandelt werden um festzustellen, ob Ernteausfälle in einigen Teile des Kontinents durch Ertragsüberschüsse in anderen ausgeglichen werden können. Bei dieser Betrachtung sollte deutlich werden, wie weitflächig Klimaanomalien im europäischen Raum Wirksamkeit hinsichtlich der Ernteertragshöhen zeigen.

3. Daten

Für alle europäischen Länder mit Ausnahme der Sowjetunion wurden den Statistischen Jahrbüchern für die Bundesrepublik Deutschland (Internationale Übersichten) die jährlichen Hektarerträge für wichtige Ernteerträge entnommen. Da bereits in einer großen Zahl von Arbeiten (siehe Literaturliste bei Frankenberg, 1984) die Zusammenhänge zwischen den verschiedenen Klimaelementen und den Ernteerträgen mit wechselndem Erfolg untersucht wurden und das Ziel der vorliegenden Arbeit die Herausarbeitung großräumiger Bezüge zwischen Ernteertrag und Klimavariabilität ist, wurde die klimatische Wirkungsgröße durch die Großwetterlagen (Hess, Brezowsky, 1969) Europas erfaßt.

Großwetterlagen sind in der Regel über mehrere Tage wirksam und zeigen starke Wiederholungsneigung. Sie sind durch immer wiederkehrende typische Positionen der steuernden Hoch- und Tiefdruckgebiete sowie der Frontalzonen gekennzeichnet und bestimmen den Witterungsablauf in Mitteleuropa, oft aber auch weit über dieses Gebiet hinaus. Gemäß den dominierenden Strömungsstrukturen werden die Großwetterlagen Europas zu Großwettertypen, von denen einige in Abb. 1 gezeigt sind, zusammengefaßt. Andererseits können die Großwetterlagen je nach antizyklonaler oder zyklonaler Strömungsbewegung weiter differenziert werden. Großwetterlagen, die durch Tröge über West- und Mitteleuropa (Abb. 1) oder durch stationäre Hochdruckgebiete über den verschiedenen Teilen Europas gekennzeichnet sind, werden als gesonderte Großwetterlagen behandelt.

Die von Jahr zu Jahr in wechselnder Häufigkeit auftretenden Großwetterlagen sind für die jahreszeitlichen Bewölkungs-, Temperatur- und Niederschlagsverhältnisse Mitteleuropas und seiner Randgebiete von entscheidender Bedeutung (Bürger, 1958). Deshalb erscheinen sie besonders geeignet zur Beschreibung der klimatischen Wirkungsgröße im großräumigen Beziehungsgefüge von Ernteertrag und Klima.

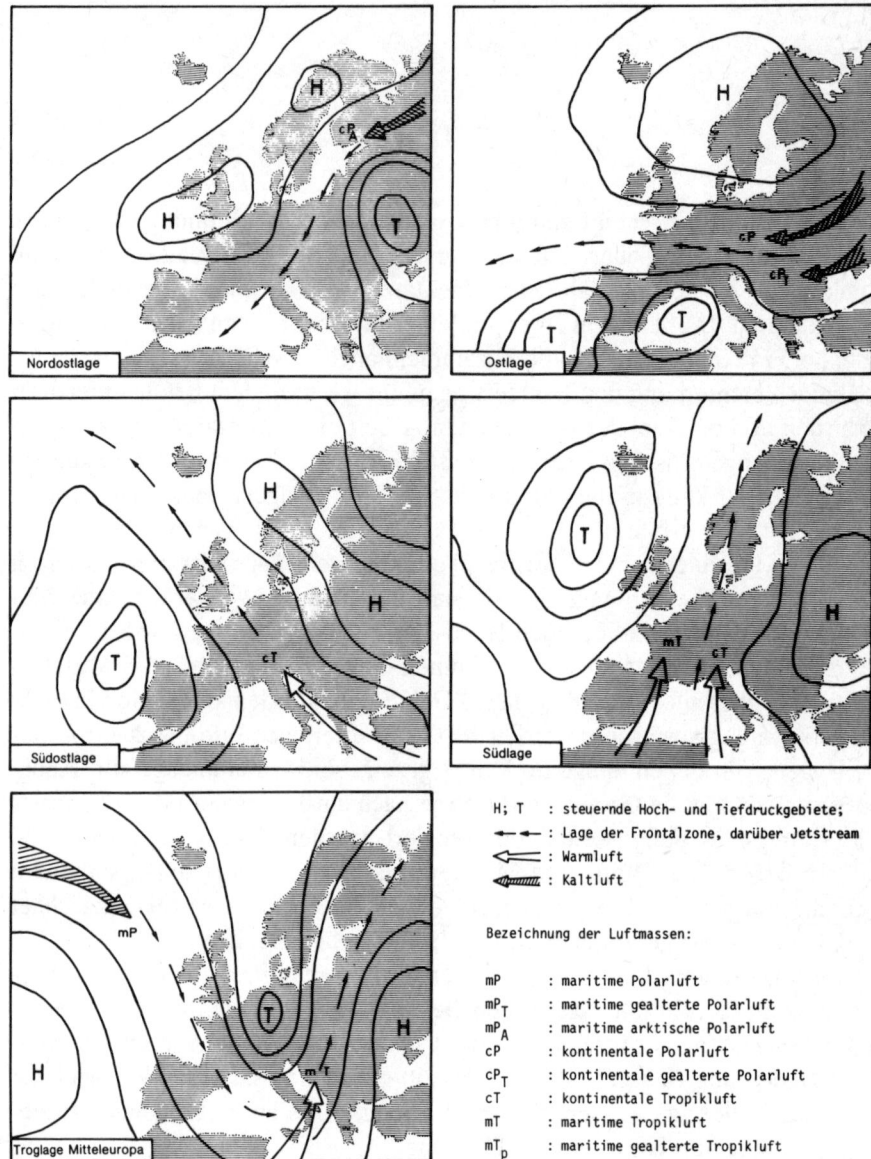

Abb. 1. Einige ausgewählte Großwettertypen Europas mit Lage der Frontalzone (gestrichelt) und den Positionen der steuernden Hoch- und Tiefdruckgebiete nach Hess und Brezowsky (1969) in einer Darstellung nach Meyer zu Düttingdorf (1978)

(Fortsetzung Abb. 1)

Den Großwettertypen sind folgende Großwetterlagen zugeordnet:
Südostlagen: SEA, SEZ (SE: Südost, A: antizyklonal, Z: zyklonal)
Nordostlagen: NEA, NEZ
Südlagen: SA, SZ, TB, TRW (T: Tief, B: Britannien, TR: Trog, W: Westeuropa)
Ostlagen: HFA, HFZ (HF: Hoch Fennoskandien), HNFA, HNFZ (HNF: Hoch Nordmeer-Fennoskandien)
Westlagen: WA, WZ, WS, WW (WW: winkelförmige Westlage, S: Süd)
Südwestlagen: SWA, SWZ
Nordwestlagen: NWA, NWZ
Nordlagen: NA, NZ, HNA, HNZ (HN: Hoch Nordmeer), HB, TRM (HB: Hoch Britannien, M: Mitteleuropa)

4. Trend der Ernteerträge

Für den berücksichtigten Zeitraum von 1956–1981 zeigt Abb. 2 die Zeitreihen der jährlichen Ertragssummen aller Getreidearten für einige europäische Länder. Ganz deutlich ist ein Ertragsanstieg zu beobachten, der allerdings erheblichen Schwankungen von Jahr zu Jahr unterworfen ist. Ähnliche Ertragssteigerungen lassen sich für Weizen, Roggen, Gerste, Rüben, Kartoffeln und Mais nachweisen.

Eine Trendanalyse der Summen der Jahreserträge aller Getreidearten zeigt, daß regelhaft für alle berücksichtigten europäischen Nationen ein signifikanter Trend vorliegt. In Abb. 3 sind die Korrelationskoeffizienten, die Regressionskoeffizienten sowie die Regressionskonstanten für die Getreideerträge aller Länder Europas angegeben. Da die Regressionskoeffizienten ausnahmslos größer als 0.6 sind, ist die Irrtumswahrscheinlichkeit für das Vorliegen eines Trends erheblich kleiner als 1%. Die Regressionskoeffizienten geben Aufschluß über das Ausmaß der Ertragssteigerungen von 1956–1981, während die in Zahlenform angegebenen Regressionskonstanten die Ertragswerte zu Beginn der 26jährigen Beobachtungsperiode näherungsweise beschreiben.

Ein Ländervergleich macht deutlich, daß in Ländern mit hohen Anfangswerten wie in Dänemark und Belgien geringe Steigerungsraten auftraten, aber auch in Ländern wie Portugal, Spanien, Albanien und Finnland, mit geringen Erträgen zu Beginn des Untersuchungszeitraums, niedrige Steigerungsraten zu verzeichnen sind.

Höchste Steigerungsraten treten von einem mittleren Anfangsniveau ausgehend in Frankreich und Bulgarien auf. Länder wie die Bundesrepublik Deutschland und die Niederlande erreichen bei hohen Regressionskonstanten hohe Steigerungsraten, die allerdings von relativ geringen Regressionskonstanten ausgehend auch von den südosteuropäischen Nationen erreicht werden. Während Norwegen, Schweden und die Deutsche Demokratische Republik von mittleren Erträgen ausgehend mittlere Zuwachsraten zeigen,

---

Abb. 2. Standardisierte Zeitreihen der Getreideerträge für einige europäische Länder in kg/ha ▶ (MM: Mittelwert, SD: Standardabweichung, gestrichelt: 5-jährige gleitende Durchschnitte)

Ernteertrag und Großwettergeschehen in Deutschland 11

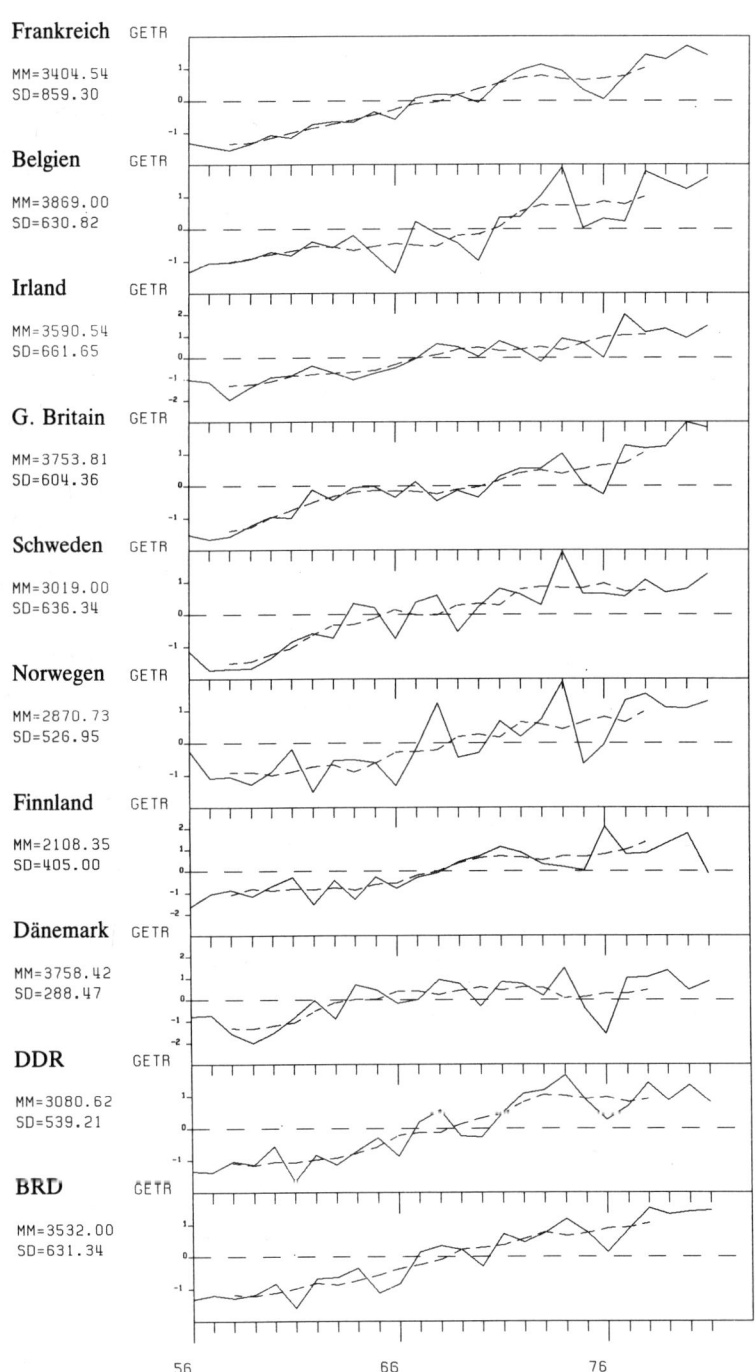

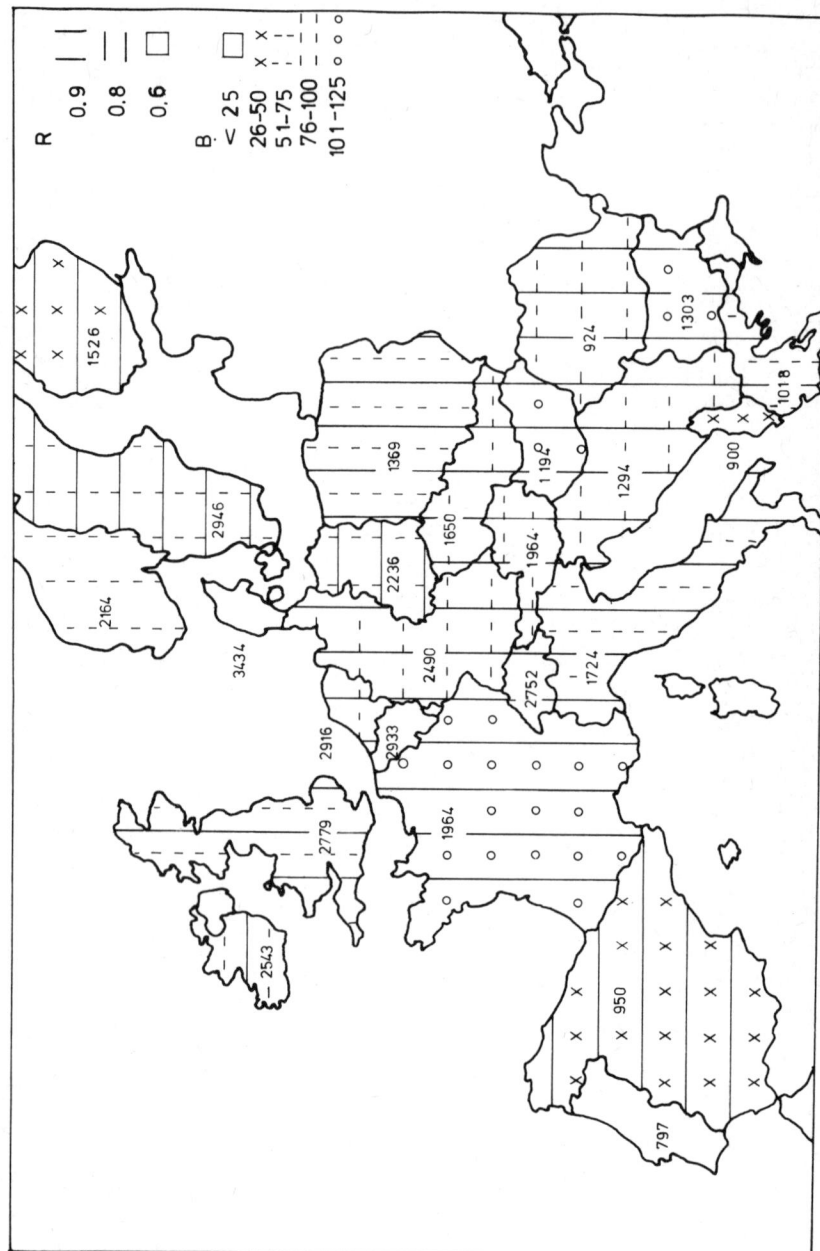

Abb. 3. Korrelationskoeffizienten (R), Regressionskoeffizienten (B) und Regressionskonstanten (kg/ha in Zahlenangaben) des Trends der Zeitreihen der jährlichen Getreideerträge für alle europäischen Nationen mit Ausnahme des europäischen Teils der UdSSR

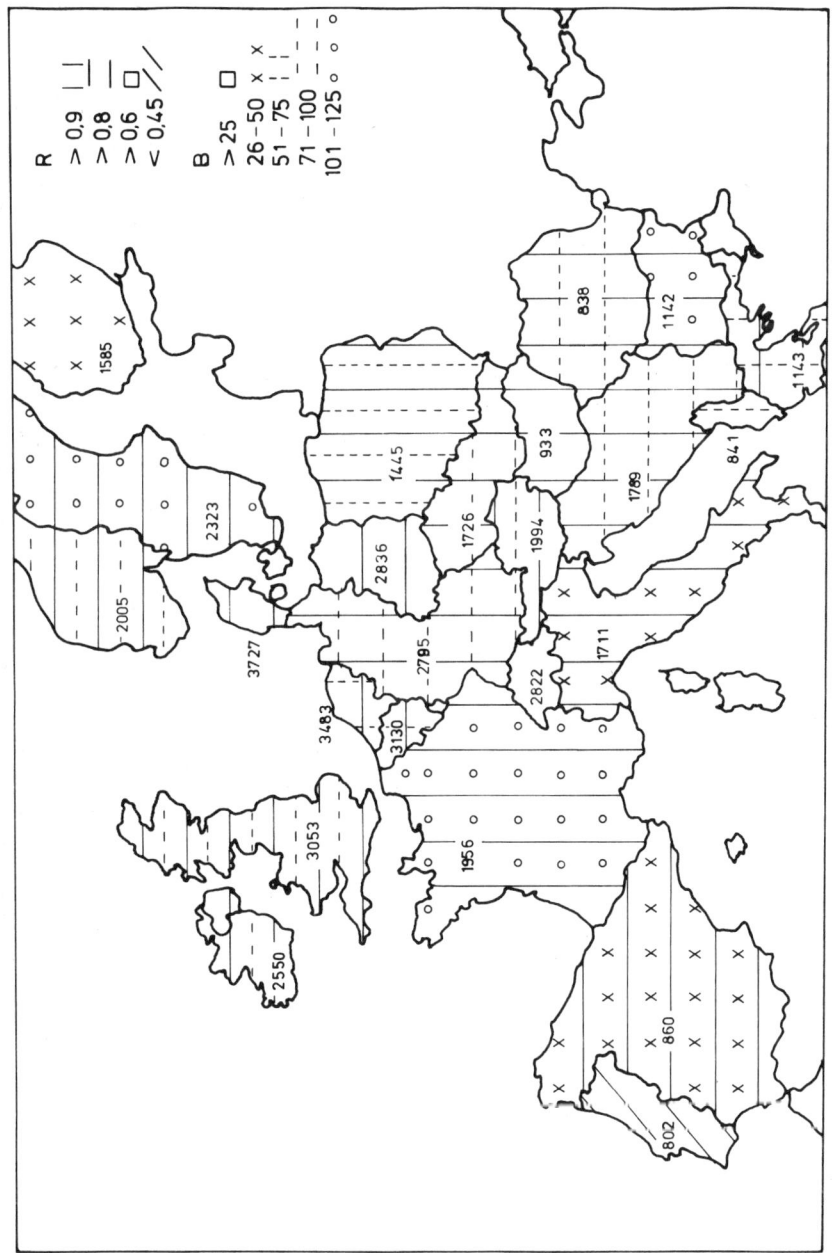

Abb. 4. Korrelationskoeffizienten (R), Regressionskoeffizienten (B) und Regressionskonstanten (kg/ha in Zahlenangaben) des Trends der Zeitreihen der jährlichen Weizenerträge für alle europäischen Nationen mit Ausnahme des europäischen Teils der UdSSR

treten in Polen trotz niedriger Anfangswerte auch in der Folgezeit nur mittlere Ertragssteigerungen auf.

Es kann angenommen werden, daß die aufgezeigten signifikanten Ertragssteigerungen ursächlich durch Verbesserungen der Anbautechniken bedingt sind. Klimatische Auswirkungen dürften demnach erst sichtbar werden, wenn dieser technisch bedingte Trend aus der Zeitreihe der Ernteerträge entfernt worden ist. Bei den folgenden Untersuchungen über klimatisch bedingte Ertragsänderungen wird demzufolge mit den trendbereinigten Ertragswerten gerechnet.

Für die Zeitreihen der jährlichen Weizenerträge ergibt sich ein ähnliches Bild. Wieder treten kleinste Steigerungsraten in Ländern mit höchsten sowie mit geringsten Regressionskonstanten auf, während höchste Steigerungsraten nur in Frankreich von einem mittleren Anfangsniveau ausgehend erkennbar sind (Abb. 4). Trotz hoher Regressionskonstanten treten in der Bundesrepublik Deutschland und in der Schweiz hohe Steigerungsraten auf. In Dänemark und Großbritannien bleiben mittlere Steigerungsraten bei hohen Anfangswerten bestimmend.

Da auch für die hier nicht in den Abbildungen wiedergegebenen Anbauprodukte jeweils ein hochsignifikanter Trend nachgewiesen werden konnte, gehen alle Erträge trendbereinigt in die folgenden Rechnungen ein.

5. Korrelation zwischen Großwetterlagen und Ernteerträgen

a) Getreide allgemein

Die Aussagekraft der Korrelationskoeffizienten nach Pearson ist dann nicht gesichert, wenn das Untersuchungsmaterial keine normalverteilte Struktur ausweist. Nach Trendbereinigung sind die Ertragsdaten im wesentlichen normalverteilt, die Häufigkeiten der Großwetterlagen hingegen nur bedingt. Hier kann besonders im Falle kleiner Kollektive eine starke Rechtsschiefe der Verteilung belegt werden. Mc Donald und Green (1960) konnten zeigen, daß dieser Mangel nur unwesentlich den Aussagewert der Korrelationskoeffizienten beeinflußt.

Mit den jährlichen Häufigkeiten der Großwetterlagen für die Periode 1956–1981 wurden die Erträge der berücksichtigten Produkte korreliert. Eine Begrenzung der Großwetterlagenhäufigkeiten auf die Monate der Vegetationsperiode führte in den dargestellten Fällen zu einer Verbesserung des Signifikanzniveaus.

Beispielhaft zeigt Abb. 5a das Raummuster der Korrelationskoeffizienten für die Beziehung zwischen den jährlichen Getreideerträgen und den Häufigkeiten der Großwetterlage „Westlage zyklonal", die durch einen näherungsweise breitenkreisparallelen Verlauf der Frontalzone gekennzeichnet ist. Lediglich in Großbritannien, Dänemark und Schweden treten hohe positive signifikante Korrelationskoeffizienten auf (5% ≥ 0,38; 1% ≥ 0,48). Sonst bleiben die Korrelationskoeffizienten meist über dem 5% Niveau der Irrtumswahrscheinlichkeit. Es ist erkennbar, daß großräumige Prozesse wirksam sein können, da immer über mehrere Länder hinweg positive und negative Korrelationskoeffizienten im Verbund auftreten.

Ähnliche Verhältnisse sind für die Großwetterlage NWZ mit halbmeridional in NW-SE-Richtung verlaufender Frontalzone erkennbar (Abb. 5b). Nahezu im gesamten europäischen Raum treten negative Korrelationskoeffizienten auf, die in einigen Ländern auch hoch signifikant sind. Hohe Häufigkeiten dieser Großwetterlage sind demnach mit Ertragsrückgängen in der Mehrzahl der europäischen Länder verbunden.

Faßt man alle Großwetterlagen zusammen, die hohen Luftdruck über den östlichen Teilen des europäischen Kontinents ausweisen, so sind besonders

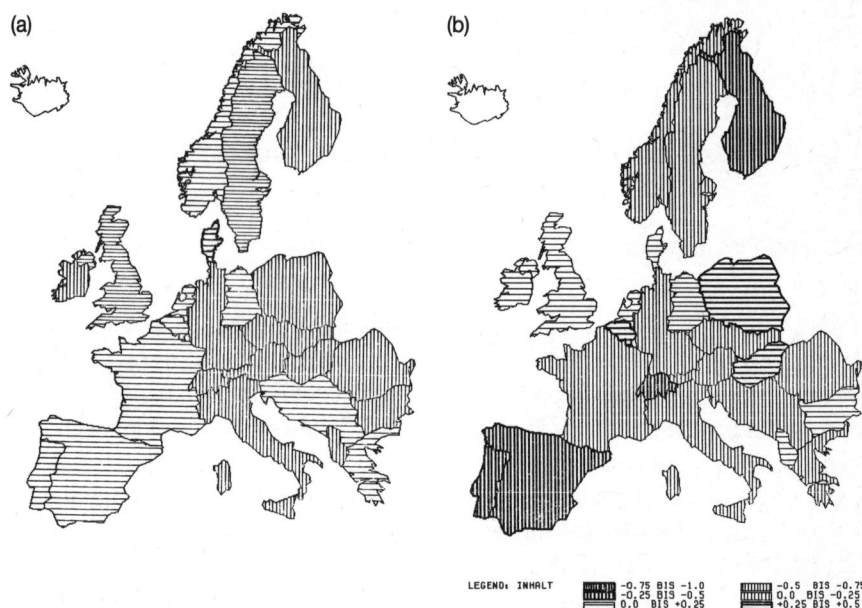

Abb. 5. Raummuster der Korrelationskoeffizienten zwischen den jährlichen Getreideerträgen und der jährlichen Häufigkeit der Großwetterlage „West zyklonal" (a) sowie der jährlichen Häufigkeit der Großwetterlage „Nordwest zyklonal" (b). Zeitraum der Analyse: 1956–1981

in Süd- und Teilen Südosteuropas signifikante negative Korrelationskoeffizienten ausgebildet, während in Nord- und Mitteleuropa positive Korrelationskoeffizienten vorherrschen (Abb. 6). Mögliche Begründungen für die Raummuster werden an späterer Stelle angegeben.

Nach Lage der Frontalzone lassen sich die Großwetterlagen einteilen in solche des zonalen Zirkulationstyps, bei dem die Frontalzone näherungsweise breitenkreisparallel verläuft, des meridionalen Zirkulationstyps, bei dem die Frontalzone näherungsweise parallel zu den Längenkreisen angeordnet ist und des gemischten Zirkulationstyps, bei dem die Frontalzone um etwa 45 Grad aus der zonalen bzw. meridionalen Richtung ausschert.

Abb. 7a zeigt die Korrelationskoeffizienten für den Zusammenhang zwischen der Häufigkeit zonaler Großwetterlagen während der Vegetationsperiode und den Getreideerträgen. In Südeuropa treten zusammenhängend negative, in Mittel- und Nordeuropa positive Korrelationskoeffizienten auf, die allerdings meist nicht signifikant sind. Bei den meridionalen Großwetterlagen kehren sich die Beziehungen nahezu um. In Südeuropa werden positive Beziehungen, in Nordeuropa negative bestimmend. Signifikanz liegt auch in diesem Fall nur selten vor. Beim gemischten Zirkulationstyp werden

Abb. 6. Raummuster der Korrelationskoeffizienten zwischen den jährlichen Getreideerträgen und den Häufigkeiten der Großwetterlagen während der Monate April bis September (1956–1981), die durch Hochdruckgebiete über dem östlichen europäischen Kontinent ausgezeichnet sind

auch in Mitteleuropa negative Korrelationskoeffizienten bedeutsam, in Süd- und Nordeuropa wechseln positive und negative Korrelationskoeffizienten großflächig einander ab.

Großwetterlagen lassen sich auch nach der Position der steuernden Höhentröge zusammenfassen. Abb. 8a zeigt die Korrelationskoeffizienten für die

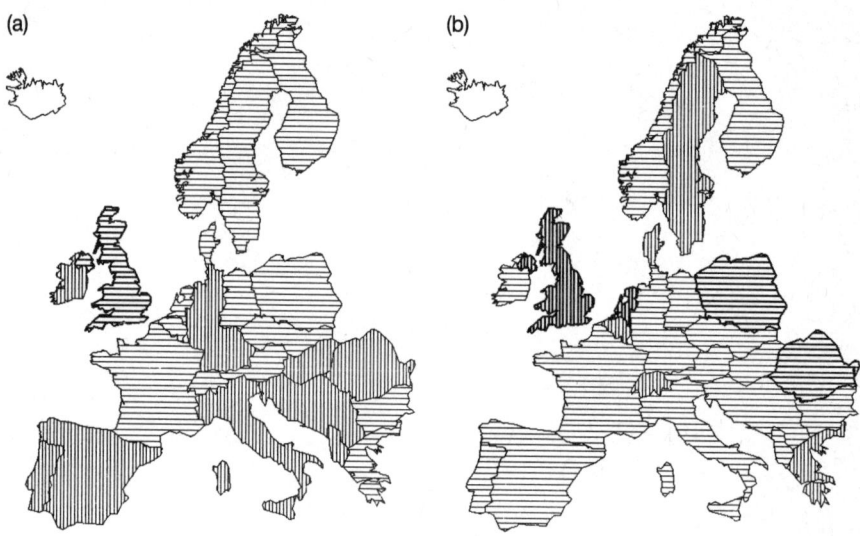

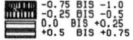 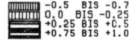

Abb. 7. Raummuster der Korrelationskoeffizienten zwischen den jährlichen Getreideerträgen und den Häufigkeiten der zonalen Großwetterlagen (a) sowie den Häufigkeiten der meridionalen Großwetterlagen (b) und den Häufigkeiten der gemischten Großwetterlagen (c) für die Monate April bis September der Jahre 1956–1981

Häufigkeitssumme der Großwetterlagen während der Vegetationsperiode, die durch einen Höhentrog in etwa 0° Länge gekennzeichnet sind. Große Teile Nord- und Mitteleuropas weisen negative Korrelationskoeffizienten aus, in Südeuropa sind hingegen positive bestimmend. Das Raummuster der Korrelationskoeffizienten kehrt sich näherungsweise um, wenn Großwetterlagen mit einer Höhentrogposition in 15–20° östlicher Länge zusammengefaßt werden. Nun sind in Nord- und Mitteleuropa bevorzugt positive Korrelationskoeffizienten, in Südeuropa hingegen zum Teil auch negative Korrelationskoeffizienten zu beobachten (Abb. 8b).

Diese erste Analyse der Zusammenhänge zwischen den Ernteerträgen und den Großwetterlagen macht deutlich, daß großflächige Beziehungen bestehen, die sich allerdings in der Mehrzahl der Fälle nicht für alle Länder Europas statistisch sichern lassen.

Faßt man die bisherigen Ergebnisse zusammen, so zeigt sich, daß ein Häufigkeitsanstieg der Westlagen in Küstennähe Ertragssteigerungen bei Getreide auslöst, die besonders in Nordeuropa signifikant sind, Häufigkeitszunahmen der NW-Lagen hingegen fast im gesamten europäischen Raum

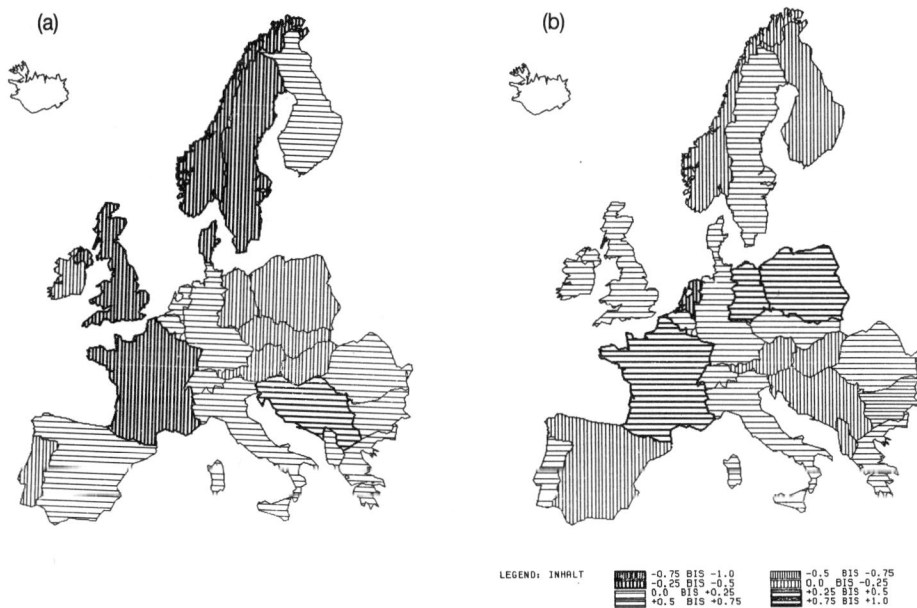

Abb. 8. Raummuster der Korrelationskoeffizienten zwischen den jährlichen Getreideerträgen und den Häufigkeiten der Großwetterlagen während der Monate April bis September (1956–1981), die mit einem Höhentrog in etwa Null Grad Länge (a) bzw. die mit einem Höhentrog in 10–15° östlicher Länge verbunden sind

Ertragsminderungen bei Getreide bedingen. Dies gilt besonders für Spanien, die DDR, Polen und Finnland. Hochdruckgebiete in Osteuropa führen zu Ertragsrückgängen bei Getreide in Finnland, SE-Europa und Spanien, während in Westeuropa Ertragssteigerungen zu beobachten sind, Häufigkeitszunahmen zonaler Großwetterlagen bedingen in der Tendenz Ertragsrückgänge in Süd-, Ertragssteigerungen in Nord- und Mitteleuropa, während der Zusammenhang zwischen Getreideertrag und den meridionalen Großwetterlagen in Mittel- und Südosteuropa positiv, in Nordeuropa hingegen negativ ist. Hohe Häufigkeiten gemischter Zirkulationstypen führen fast im gesamten europäischen Raum zu Ertragsrückgängen.

Differenziert man die meridionalen und halbmeridionalen Großwetterlagen gemäß den bestimmenden Trogpositionen, so wird deutlich, daß bei hohen Häufigkeiten der westlich des Kontinents gelegenen Trogpositionen die nord- und mitteleuropäischen Getreideerträge in der allgemeinen Tendenz absinken, bei Trogpositionen in 15–20° östlicher Länge hingegen ansteigen.

Vereinfacht ist festzuhalten, daß bei zonaler Ausrichtung der Frontalzone Getreideertragssteigerungen im nördlichen und mittleren Teil Europas zu beobachten sind, bei meridionaler Orientierung der Frontalzone hingegen die geographische Länge des Auftretens der Frontalzone die Position der begünstigten Gebiete bestimmt.

b) Weizen und Hafer

Für andere Getreidearten gelten ähnliche Bedingungen. Abb. 9a zeigt die Korrelationskoeffizienten zwischen den Weizenerträgen und der Zeitreihe der Häufigkeiten der Großwetterlagen während der Vegetationsperiode, die durch hohen Luftdruck über dem östlichen Teil des Kontinents gekennzeichnet sind. Positive Korrelationskoeffizienten sind in Nord- und Mitteleuropa, negative in Südeuropa bestimmend. Nahezu invers hierzu ist die Beziehung zwischen den Weizenerträgen und der Häufigkeit der Großwetterlagen, die durch tiefen Luftdruck über dem östlichen Teil des Kontinents bestimmt sind. In diesem Falle dominieren positive Korrelationskoeffizienten in Südosteuropa und im östlichen Mitteleuropa (Abb. 9b).

Für Hafer zeigt Abb. 10a, daß bei Häufigkeitszunahmen der Großwetterlagen mit einer Troglage in etwa 5 bis 10° östlicher Länge die westlichen Teile Europas ausnahmslos Ertragssteigerungen ausweisen, während in Südost- und Osteuropa Ertragseinbußen dominieren. Wandert der Trog in eine geographische Länge um 25–20° Ost, so kehrt sich die Ertragsrelation nahezu

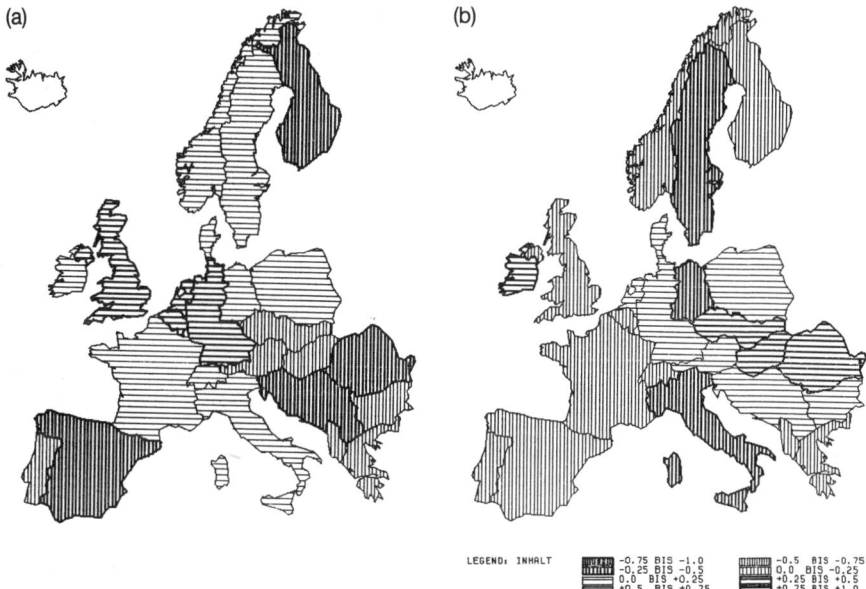

Abb. 9. Raummuster der Korrelationskoeffizienten zwischen den jährlichen Weizenerträgen und den Häufigkeiten der Großwetterlagen während der Monate April bis September (1956–1981), die mit hohem Luftdruck (a) bzw. mit tiefem Luftdruck (b) über den östlichen Teilen Europas verbunden sind

gänzlich um: im westlichen Europa Ertragsrückgänge, im südöstlichen und östlichen Europa Ertragssteigerungen.

Da die Tropositionen die Lage der Hoch- und Tiefdruckgebiete weitgehend bedingen, ergänzen sich die Aussagen der Abb. 9 und Abb. 10 gegenseitig.

c) Kartoffeln und Rüben

Der Zusammenhang zwischen den Großwetterlagen mit zonal orientierter Frontalzone (Monate April–September) und den Kartoffelerträgen zeigt ein dem Getreide ähnliches Bild mit Ertragssteigerungen in Nord- und Mitteleuropa (Abb. 11a), Ertragsrückgängen hingegen in Südeuropa. Sehr ähnlich ist das Verteilungsmuster der Korrelationskoeffizienten für Großwetterlagen, die mit hohem Luftdruck über dem östlichen Kontinent verbunden sind (Abb. 11b).

Die Kartoffelerträge zeigen auch eine großräumige Abhängigkeit von der geographischen Länge der Frontalzone im Falle meridionaler und gemischter

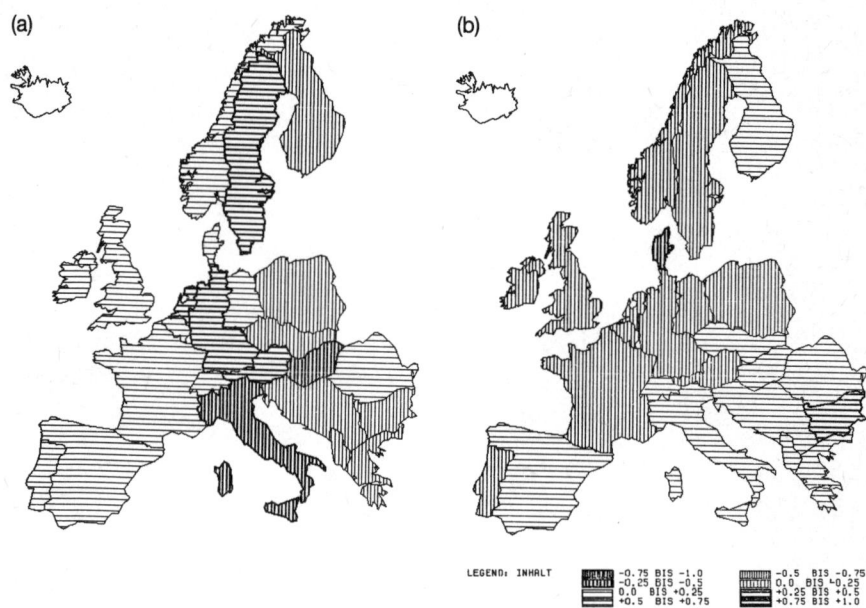

Abb. 10. Raummuster der Korrelationskoeffizienten zwischen den jährlichen Haferträgen und den Häufigkeiten der Großwetterlagen während der Monate April bis September (1956–1981), die mit einem Höhentrog in ca. 5–10° (a) bzw. 20–30° östlicher Länge verbunden sind (b)

Großwetterlagen. Liegt die meridional orientierte Frontalzone in circa 0 bis 5° östlicher Länge, so treten in West- und Nordeuropa Ertragsrückgänge (Abb. 11c), im übrigen Europa Ertragssteigerungen auf, verläuft hingegen die Frontalzone in circa 20° Ost, so ist ein Raummuster der Korrelationskoeffizienten erkennbar (Abb. 11d), welches dem beim Auftreten zonaler Großwetterlagen sehr ähnlich ist. Ertragssteigerungen sind für Nord- und Mitteleuropa, Ertragsrückgänge für Südeuropa kennzeichnend. Da mit wachsender Ostposition des Troges auch die Zonalität der Strömung anwächst, weist die Ähnlichkeit der Raummuster auf die Ähnlichkeit der wetterwirksamen Prozesse hin. Es ist erwähnenswert, daß bei den Getreidearten die wechselnde Trogposition zu einer gegenüber den Kartoffelerträgen inversen Anordnung der Korrelationskoeffizienten führt. Das deutet auf die verschiedenen ökologischen Ansprüche beider Nutzpflanzen hin.

Der Rübenertrag in West- und Nordeuropa korreliert positiv mit den Großwetterlagen, die durch ein ausgeprägtes Tief über Osteuropa gekennzeichnet sind (Abb. 12a). In Ost- und Südosteuropa treten gleichzeitig negative Korrelationskoeffizienten auf. Die Verteilung positiver und negativer Korrelationskoeffizienten kehrt sich bei der Korrelation mit den Großwet-

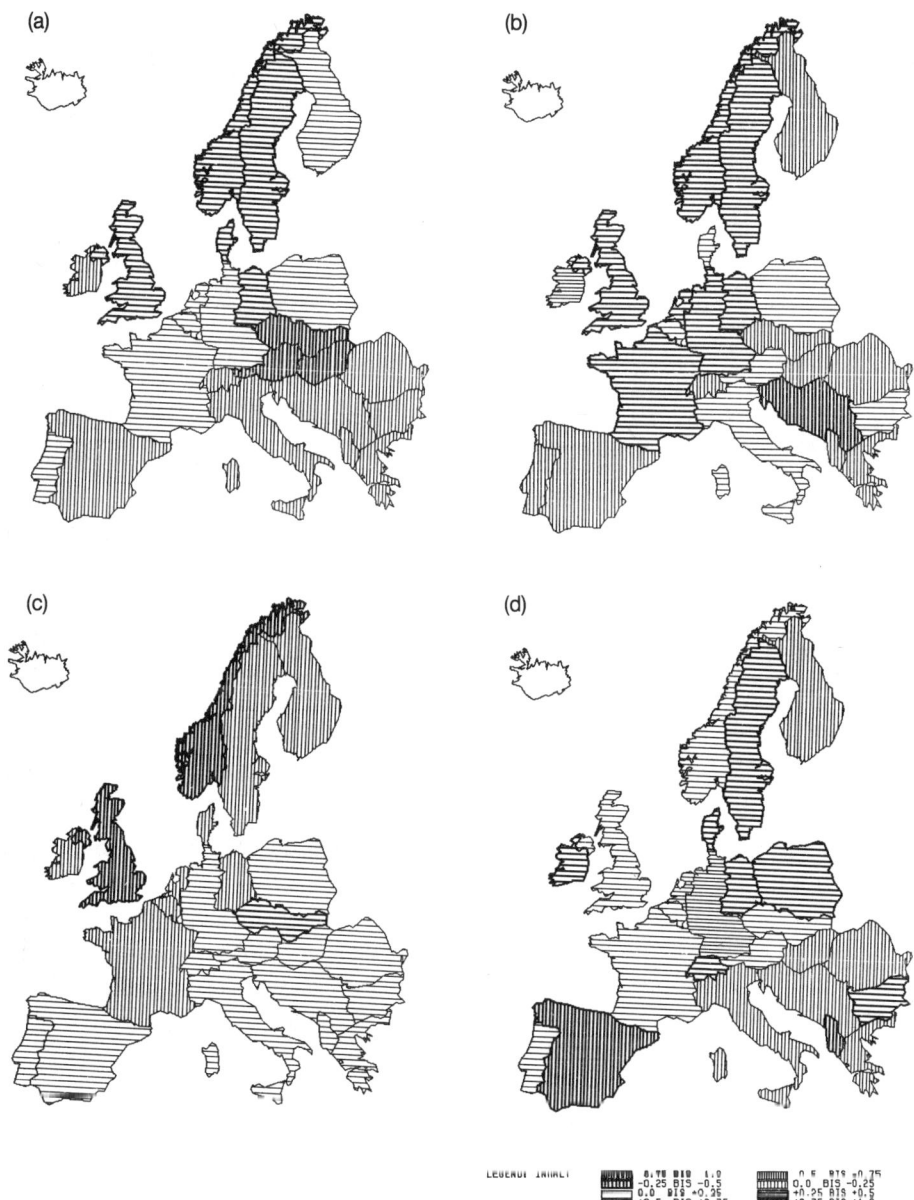

Abb. 11. Raummuster der Korrelationskoeffizienten zwischen den jährlichen Kartoffelerträgen und den Häufigkeiten der Großwetterlagen während der Monate April bis September (1956–1981), die mit zonal orientierter Frontalzone (a), hohem Luftdruck über Osteuropa (b), einer meridional in 0–5° östlicher Länge (c) sowie in ca. 20° östlicher Länge verlaufenden Frontalzone (d) verbunden sind

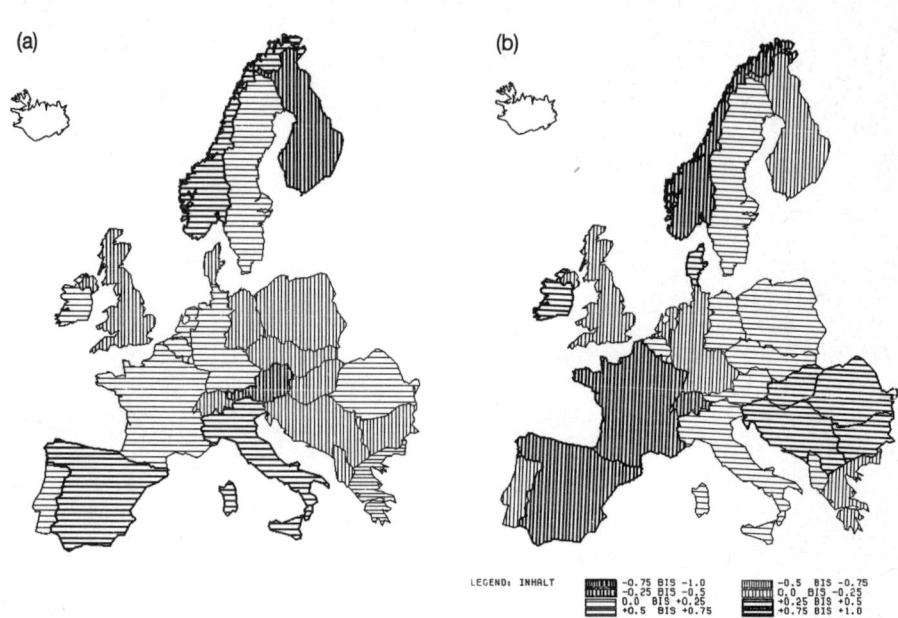

Abb. 12. Raummuster der Korrelationskoeffizienten zwischen den jährlichen Rübenerträgen und den Großwetterlagen während der Monate April bis September (1956–1981), die mit tiefem Luftdruck über Osteuropa (a) bzw. mit tiefem Luftdruck über Westeuropa (b) verbunden sind

terlagen völlig um (Abb. 12b), bei denen das Tiefdruckgebiet eine Position im westlichen Teil des Kontinentes einnimmt. Jeweils der von dem Tiefdruckgebiet überlagerte Teil Europas ist demnach durch abnehmende Rübenerträge bei anwachsenden Auftrittshäufigkeiten des Tiefdruckgebietes und den damit einhergehenden Wettererscheinungen verbunden.

Die angewandten Korrelationsanalysen zeigen, daß nicht für alle Länder Europas hochsignifikante bzw. signifikante Korrelationen zwischen den Ernteerträgen und den nach verschiedenen Gesichtspunkten zusammengefaßten Großwetterlagen bestehen. Die systematischen Änderungen der Raummuster der Korrelationskoeffizienten geben aber Anlaß zu der Annahme, daß großräumige Wirkungen zwischen der Zirkulationsstruktur und den Ernteerträgen bestehen, die in den folgenden Abschnitten weiter analysiert werden sollen.

Die großräumige Wirksamkeit der beschriebenen zirkulationsdynamischen Prozesse empfiehlt eine räumlich differenzierte Beschreibung der Vegetationsperiode und damit der Häufigkeit der Großwetterlagen. Durchgeführte Analysen mit räumlich variierender Vegetationsperiode führen allerdings zu keiner grundsätzlichen Änderung der aufgezeigten Raummuster der Korrelationskoeffizienten, obwohl sich in Einzelfällen die Koeffizienten selbst erheblich erhöhen können. Da in dieser Untersuchung der großflächige Aspekt zwischen Ernteertrag und Zirkulationsstruktur im Vordergrund des Interesses stehen soll, wird bei den weiteren Ausführungen auf die Darstellung der Ergebnisse bei räumlich variierender Vegetationsperiode verzichtet.

6. Ähnlichkeiten der Erträge in Raum und Zeit

Die Klassifikation der Großwetterlagen erfolgt mit Blick auf die Bundesrepublik. Die typischen mit den Großwetterlagen verbundenen Witterungsabläufe sind demzufolge wesentlich für diesen Raum, reichen aber in ihren Wirkungen weit über das deutsche Staatsgebiet hinaus. Klimabedingte Ähnlichkeiten zwischen den trendbereinigten Zeitreihen der Ernteerträge verschiedener europäischer Länder sollten demnach bestehen.

In Abb. 13a werden die Getreideerträge der BRD für den Zeitraum 1956–1981 mit denen aller übrigen europäischen Länder korreliert. Die Korrelationskoeffizienten sind in ihrer Mehrzahl hochsignifikant. Selbst so weit entfernt liegende Länder wie Deutschland und Spanien bzw. Deutschland und Norwegen zeigen positive Korrelationskoeffizienten, die im 1%-Niveau signifikant sind.

Finnland und die Länder Südosteuropas weisen negative, zum Teil sogar signifikante negative Korrelationskoeffizienten zur BRD auf.

Da auch über die politischen Blockgrenzen hinweg die Korrelationskoeffizienten ohne sichtbare Sprungstellen hochsignifikant bleiben, kann ausgeschlossen werden, daß singuläre Ereignisse oder Marktmechanismen von dominierender Bedeutung für die engen räumlichen Beziehungen zwischen den trendbereinigten Ertragswerten sind.

Für Weizen ergibt sich eine ähnliche Raumverteilung der Korrelationskoeffizienten zwischen den trendbereinigten Ernteertragswerten der BRD und der übrigen Länder Europas, wenn auch die Korrelationskoeffizienten insgesamt etwas geringer bleiben (Abb. 13b). Auch für die Kartoffelerträge sind die Korrelationskoeffizienten vergleichsweise hoch (Abb. 13c), werden allerdings nunmehr im gesamten südeuropäischen Raum negativ, ohne das Signifikanzniveau zu erreichen. Nur zwischen den Kartoffelerträgen der BRD und Finnlands besteht eine negative signifikante Korrelation.

Die Ähnlichkeit der Raummuster der Korrelationskoeffizienten zwischen den verschiedenen Ertragszeitreihen der BRD und der übrigen europäischen Länder legt die Frage nahe, ob auch zwischen den Erträgen unterschiedlicher Produkte für die einzelnen Länder signifikante Beziehungen bestehen. Beispielhaft sind in Abb. 14 die Kreuzkorrelationskoeffizienten zwischen den Zeitreihen der Weizen- und Gersteerträge angegeben. Die zeitlichen Varia-

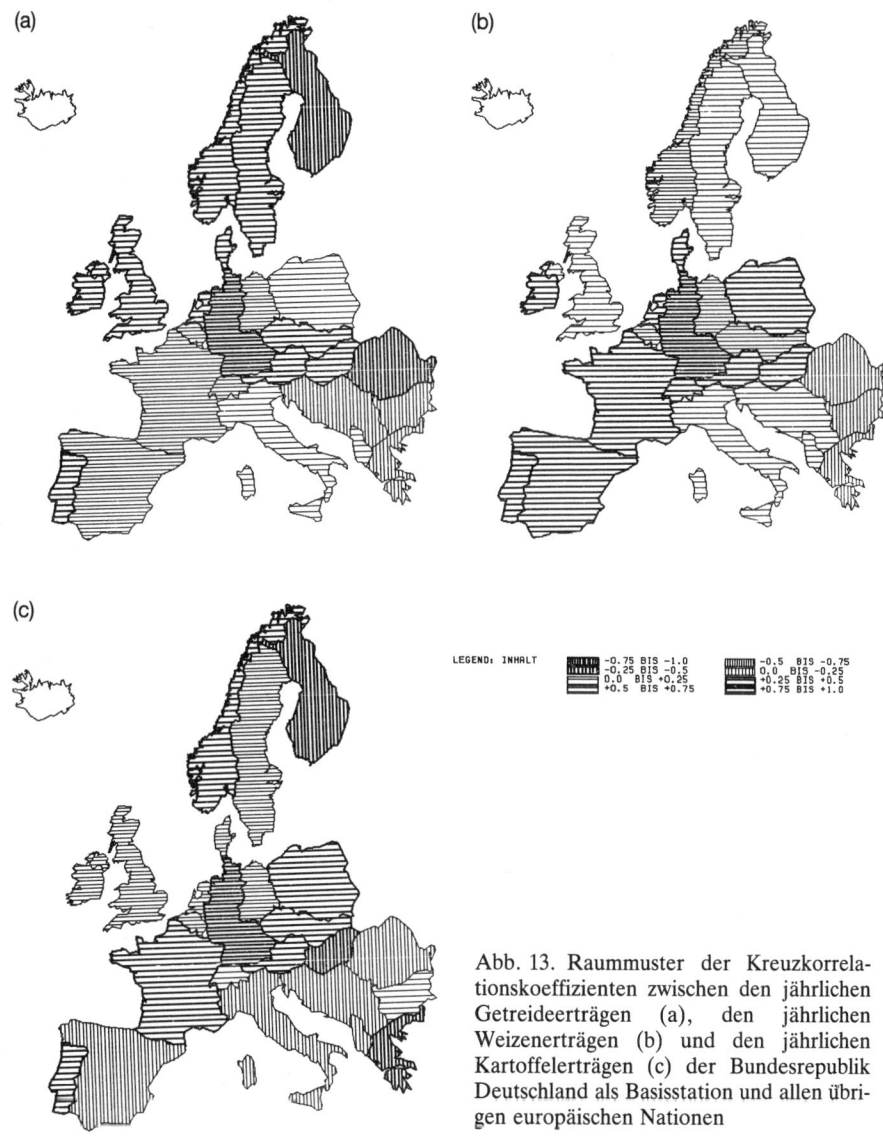

Abb. 13. Raummuster der Kreuzkorrelationskoeffizienten zwischen den jährlichen Getreideerträgen (a), den jährlichen Weizenerträgen (b) und den jährlichen Kartoffelerträgen (c) der Bundesrepublik Deutschland als Basisstation und allen übrigen europäischen Nationen

tionen der trendbereinigten Zeitreihen erfolgen, da fast alle Korrelationskoeffizienten hochsignifikant positiv sind, offensichtlich näherungsweise gleichzeitig in ähnlicher Intensität.

Tabelle 1 macht deutlich, daß dieses Ergebnis nur für die Getreidearten gilt. So sind die Zusammenhänge zwischen Getreide und Rüben oder Mais

Tabelle 1. Kreuzkorrelation der jährlichen Erträge verschiedener Produkte (Korrelationskoeffizienten)

	Getreide/ Weizen	Getreide/ Kartoffel	Getreide/ Rüben	Weizen/ Hafer	Weizen/ Roggen	Weizen/ Rüben	Hafer/ Mais-Roggen	Hafer/ Rüben	Mais-Roggen/ Kartoffel
Norwegen	.83	.54	.05	.82	.60	−.06	.24R	.09	.37R
Finnland	.56	.60	.10	.53	.65	.43	.34R	.05	.11R
Schweden	.88	.55	.14	.69	.82	.03	.54R	.11	.49R
Irland	.73	.62	.34	.39	−.16	.21	–	.26	–
England	.90	.68	.20	.36	.69	.06	−.01R	.46	.38R
Dänemark	.39	.61	.58	.60	.39	.35	.02R	.38	.23R
Niederl.	.93	.15	−.01	.60	.61	.04	.09R	−.20	.30R
Belgien	.94	.35	−.23	.71	.76	−.14	−.07R	−.25	.32R
Frankreich	.81	.49	.16	.65	.64	.04	.50	.30	.31
BRD	.62	.60	.10	.63	.42	.13	.43	.02	.33
DDR	.87	.35	.27	.05	.80	.32	.05	.23	.20
Polen	.91	.33	.19	.76	.74	.27	−.08	.28	.03
Schweiz	.81	.49	.30	.50	.89	.28	.06	.24	.01
Österreich	.96	.27	−.13	.68	.88	−.05	.41	−.05	.51
CSSR	.77	.31	−.07	.83	.79	.04	.35	.17	−.07
Ungarn	.65	.59	−.35	.83	.83	−.24	.20	−.40	.48
Portugal	.92	.32	−.10	.57	.71	.02	.10	.09	.07
Spanien	.33	−.06	.32	.43	.72	.35	.11	.40	.59
Italien	.64	.47	.22	.4	.34	−.03	.21	−.02	.80
Jugoslawien	.74	.62	.35	.41	.57	.43	.38	−.59	.48
Rumänien	.72	.47	.58	.73	.39	.57	.20	.44	.16
Bulgarien	.63	.57	.54	.69	.17	.39	.25	.09	.70
Albanien	.96	.23	.72		.74	.76	.84	.36	.38
Griechenl.	.95	.53	.31		.35	.35	.08	.29	.49

Signifikanzgrenzen: 95%: 0.38; 99%: 0.48
R: Roggen

LEGEND: INHALT

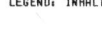

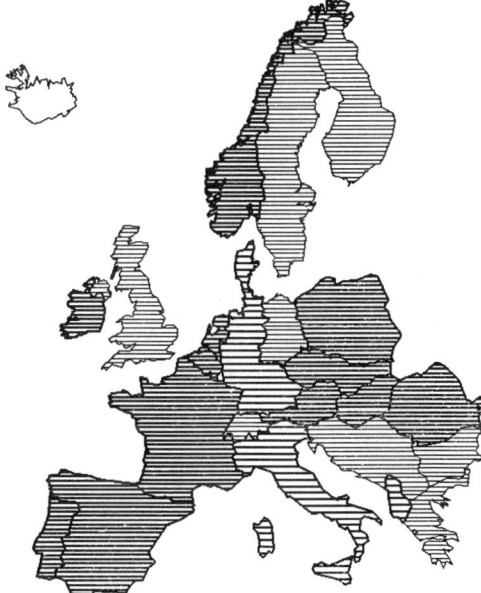

Abb. 14. Raummuster der Korrelationskoeffizienten zwischen den jährlichen Weizen- und Gersteerträgen (1956–1981) für alle europäischen Nationen

und Kartoffel etc. oft nicht positiv signifikant, manchmal sogar negativ. Das ist zu erwarten, da einerseits die verschiedenen Getreidearten nicht gänzlich voneinander abweichende ökologische Bedingungen erfordern, die Knollenfrüchte hingegen andererseits erheblich in ihren ökologischen Ansprüchen von denen der Getreidearten abweichen.

Diese Analysen zeigen, daß es sinnvoll ist, die Zeitreihen der verschiedenen Länder für ein Produkt gemäß der Ähnlichkeit der zeitlichen Variationen zusammenzufassen, nicht jedoch eine Zusammenfassung unterschiedlicher Produkte durchzuführen.

Ein Verfahren, um Zeitreihen verschiedener Länder nach Ähnlichkeiten der zeitlichen Variationen zusammenzufassen, ist in der Hauptkomponentenanalyse gegeben. Die mathematische Herleitung dieses Verfahrens ist bei Überla (1968) beschrieben. Instruktive Beispiele können einer Arbeit von Skaggs (1975) entnommen werden.

Bezogen auf die vorliegenden 24 Länderzeitreihen der Erträge eines Produktes für die 26 Jahre von 1956 bis 1981 erfolgt eine Zusammenfassung der Länder mit ähnlichen zeitlichen Ertragsfluktuationen mit Hilfe des Verfahrens der Hauptkomponentenanalyse auf einer Hauptkomponente. Die Ladungen der ersten Hauptkomponente, die 30% der Varianz aller Zeitreihen erfaßt, sind für Hafer in Abb. 15a dargestellt. Hohe positive Ladungen bedeuten, daß das Land einen hohen Beitrag zur ersten Hauptkompo-

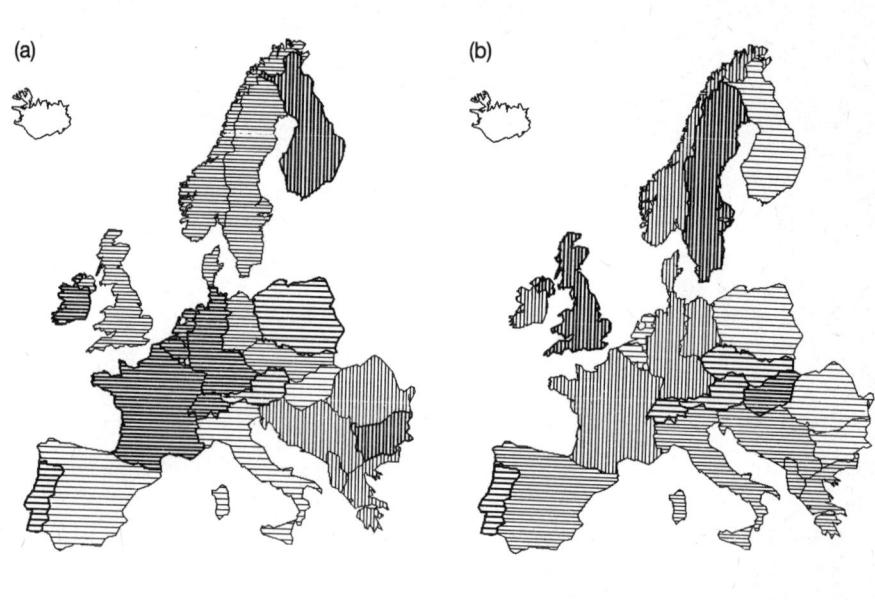

Abb. 15. Raummuster der Ladungen der ersten (a), zweiten (b) und dritten (c) Hauptkomponente, die aus den Zeitreihen der jährlichen Hafererträge (1956–1981) aller europäischer Nationen gebildet wurden

Abb. 15 (d) Zeitreihen der Koeffizienten der ersten bis sechsten Hauptkomponente, die aus den Zeitreihen der jährlichen Hafererträge (1956–1981) extrahiert wurden

Ernteertrag und Großwettergeschehen in Deutschland

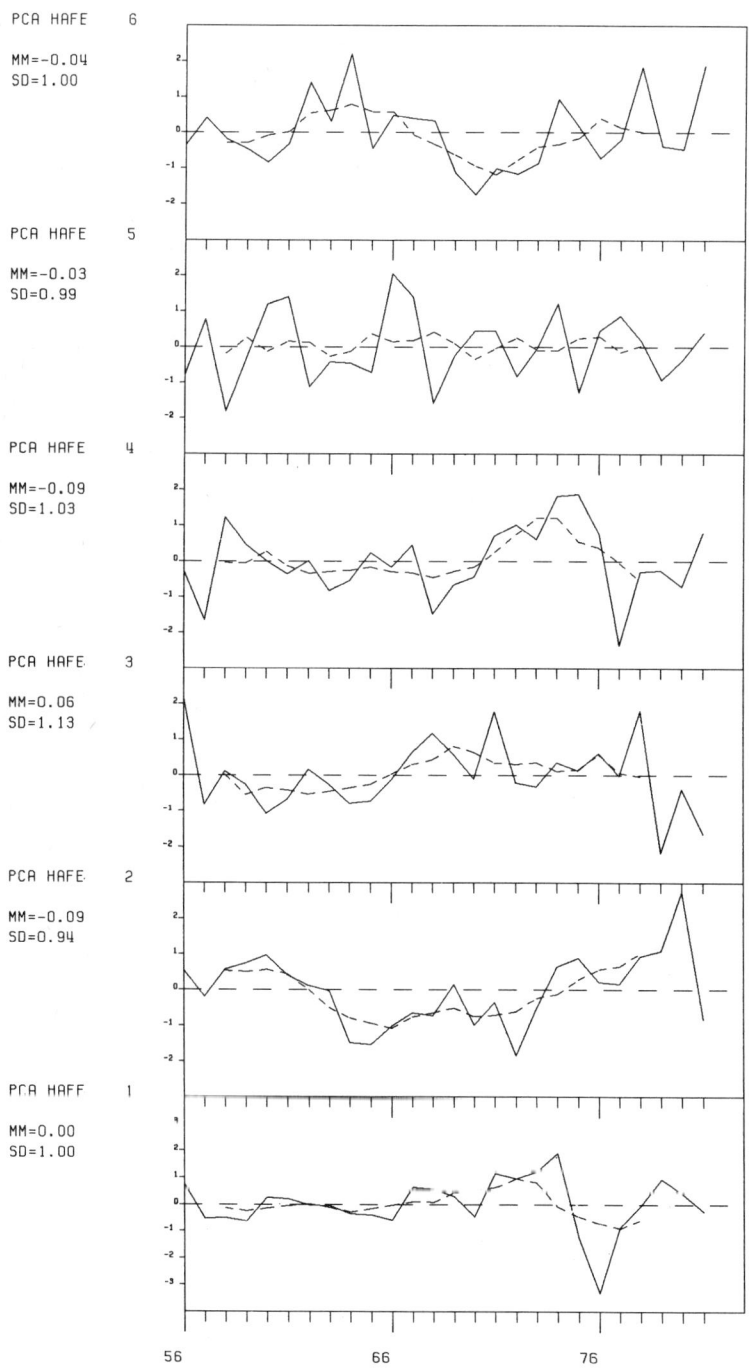

nente erbringt, wenn die Zeitreihe der Koeffizienten (Abb. 15d) hohe positive Werte ausweist. Im Falle negativer Koeffizienten liegen andererseits höchste Ertragseinbußen dort vor, wo die höchsten positiven Ladungen auf der ersten Hauptkomponente auftreten. Allgemein erfolgt in den Ländern mit hohen positiven oder negativen Ladungen eine Variation der Erträge in der Art, wie sie durch die Zeitreihen der Koeffizienten gegeben ist. Negative Ladungen und negative Koeffizienten bringen ebenfalls hohe Erträge, positive Koeffizienten und negative Ladungen hingegen geringe Erträge (unterdurchschnittlich) zum Ausdruck.

Das in Abb. 15b angegebene Ladungsmuster der zweiten Hauptkomponente erklärt 18% der Gesamtvarianz aller berücksichtigten Zeitreihen. Treten in der Zeitreihe der Koeffizienten (Abb. 15d) positive Koeffizienten auf, so gilt das in Abb. 15b gezeigte Raummuster der Ladungen und bringt hohe Erträge im Süden Europas, geringe in West- und Nordeuropa zum Ausdruck. Liegen negative Koeffizienten in der Zeitreihe vor, so gilt die inverse Aussage. Dabei ist entsprechend der Fluktuation der Zeitreihe die Ertragsänderung in den Ländern umso größer, je höher das jeweilige Land auf der entsprechenden Hauptkomponente lädt.

Die dritte Hauptkomponente erklärt noch 9% der Gesamtvarianz (Abb. 15c) und zeigt maximale positive Ladungen in Rumänien, Polen und Finnland, während Albanien und die Niederlande durch negative hohe Ladungen gekennzeichnet sind.

Das Ladungsmuster der ersten Hauptkomponente zeigt einen Ertragsanstieg bis 1974, dann einen Abfall zum Jahr 1976 und dann einen erneuten Anstieg mit räumlichem Kern im Bereich der BRD (Abb. 15a und 15d). Stark ausgebildet ist diese zeitliche Entwicklung in allen Ländern Mitteleuropas, die durch hohe positive Komponentenladungen ausgezeichnet sind (Abb. 15a). Nach dem Ladungsmuster der zweiten Hauptkomponente nimmt der Haferertrag in Osteuropa von 1958–1964 trendbereinigt ab, dann beständig fluktuierend bis 1980 zu. In West- und Nordeuropa mit Kern über Großbritannien gilt das Umgekehrte, da hier negative Ladungen auftreten. Im Ladungsmuster der dritten Hauptkomponente werden bevorzugt solche Fluktuationen erfaßt, die auf Einzeljahre begrenzt sind.

Die Hauptkomponentenanalysen für die übrigen Getreidearten zeigen, daß ähnlich wie beim Hafer auf der ersten Hauptkomponente stets etwa 30–40% der Gesamtvarianz erklärt wird. Die zugehörigen Raummuster der Ladungen weisen in Verbindung mit den Zeitreihen der Koeffizienten aus, daß die zeitlichen Fluktuationen der Ernteerträge über weiten Räumen Europas ähnlich erfolgen. Dies deutet erneut auf großräumig wirksame Klimaprozesse hin, die beispielhaft genauer erfaßt werden sollen.

7. Ernteertrag und Witterung während der Vegetationsperiode

Die Zeitreihen der im vergangenen Abschnitt extrahierten Koeffizienten der Hauptkomponenten des Haferertrages der Jahre 1956–1981 kennzeichnen in Verbindung mit den Ladungswerten die raumzeitlichen Fluktationen der Ernteerträge des Hafers. Eine Kreuzkorrelation der Zeitreihen dieser Koeffizienten mit den Großwetterlagen gibt Aufschluß darüber, inwieweit Zusammenhänge zwischen den Häufigkeitsänderungen der Großwetterlagen und den raum-zeitlichen Ertragsänderungen bestehen.

Faßt man alle Großwetterlagen zusammen, die im Tagesmittel während der Monate März bis August überdurchschnittlich hohe Tagesniederschläge in der Bundesrepublik und den angrenzenden Gebieten erbringen (Ungewitter, 1975), so beschreibt die Häufigkeitsänderung der Summe der so ausgewählten Wetterlagen die zeitliche Abfolge relativ feuchter Vegetationsperioden. Die standardisierte Zeitreihe der Häufigkeiten der so zusammengefaßten Großwetterlagen ist in der Abb. 16a wiedergegeben. Die Korrelation zwischen dieser Zeitreihe und der Zeitreihe der Koeffizienten der ersten Hauptkomponente des Haferertrages beträgt + 0.55 und ist signifikant mit einer unter 1% liegenden Irrtumswahrscheinlichkeit.

In ähnlicher Weise können die Großwetterlagen zusammengefaßt werden, die mit schönem Wetter in den Sommer- und Frühjahrsmonaten verbunden sind. Die Korrelation mit der Zeitreihe der Koeffizienten der ersten Hauptkomponente des Haferertrages ist mit − 0.38 ebenfalls signifikant.

Das in Abb. 15a gezeigte Muster der Ladungen spiegelt, wie gezeigt wurde, mit der Zeitreihe der Koeffizienten 30% der raum-zeitlichen Variationen der Hafererträge wider. Diese Variationen stehen in einer hochsignifikanten positiven Beziehung zu solchen Großwetterlagen, die überdurchschnittlich hohe Tagesniederschläge während der Vegetationsperiode erbringen, in einer signifikanten negativen Beziehung hingegen zu solchen Großwetterlagen, die bevorzugt wolken- und niederschlagsarmes Wetter auslösen. Die Erträge des Hafers variieren dieser Analyse folgend großräumig zu einem nicht zu vernachlässigenden Teil in Abhängigkeit zu der großräumigen Variation des Klimas.

Für die zweite und dritte Hauptkomponente können weniger deutlich ähnliche Zusammenhänge zwischen Ernteerträgen und speziellen Großwetterlagen nachgewiesen werden.

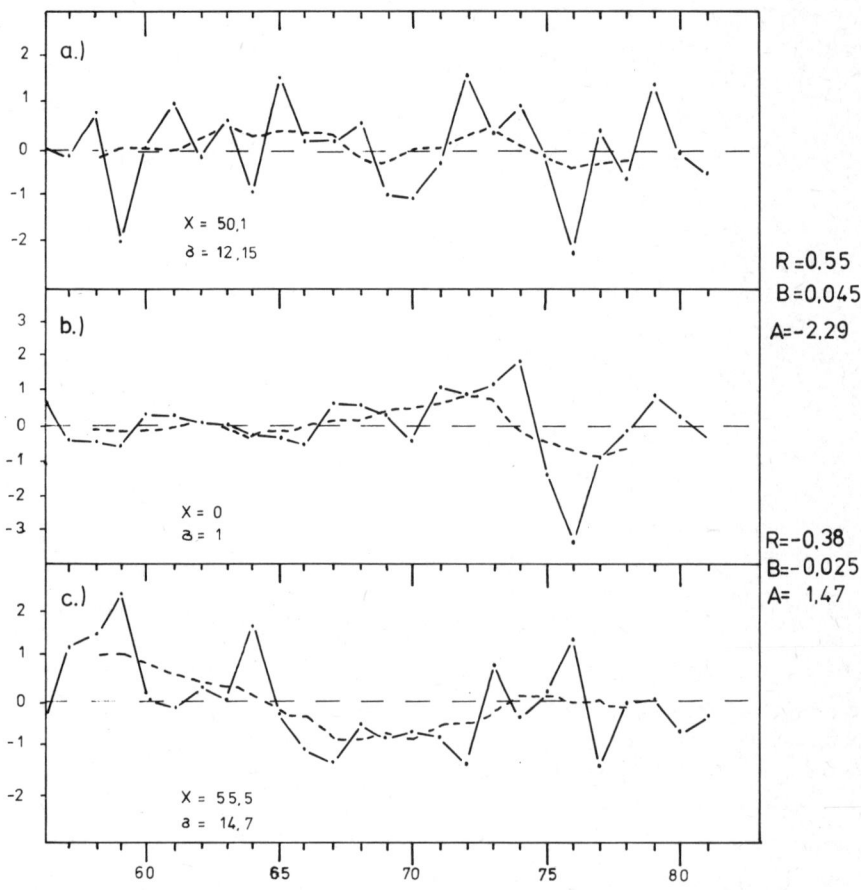

Abb. 16
a) Standardisierte Häufigkeiten der Großwetterlagen während der Monate März bis August der Jahre 1956–1981, die mit überdurchschnittlich hohen Tagesniederschlägen in der BRD und weiten Teilen Mitteleuropas verbunden sind.
b) Koeffizienten der ersten Hauptkomponente der jährlichen Hafererträge 1956–1981.
c) Standardisierte Häufigkeiten der Großwetterlagen während der Monate März bis August der Jahre 1956–1981, die mit überdurchschnittlich wolken- und regenarmem Wetter in der BRD und weiten Teilen Mitteleuropas verbunden sind

In Abb. 17a ist das Raummuster der Ladungen der ersten Hauptkomponente der Kartoffelerträge aufgezeigt, welches 25% der Gesamtvarianz aller berücksichtigten Kartoffelertragszeitreihen in Verbindung mit der in Abb. 17b gezeigten Zeitreihe der Koeffizienten erklärt. Hier ergibt sich mit − 0.53 eine hochsignifikante negative Korrelation zu den Schönwetterlagen und mit 0.41 eine signifikante positive Korrelation zu den mit überdurchschnittlichen Tagesniederschlagshöhen verbundenen Großwetterlagen.

Abb. 17. (a) Raummuster der Ladungen der ersten Hauptkomponente der Zeitreihen der jährlichen Kartoffelerträge 1956–1981

Faßt man die sommerlichen Hochdrucklagen zusammen, so ergibt sich mit − 0.43 eine signifikante negative Korrelation zur Zeitreihe der Koeffizienten des Haferertrages. Die Großwetterlagen, die ozeanisch geprägte Sommermonate bedingen, korrelieren mit 0.36 näherungsweise signifikant mit den Koeffizienten der ersten Hauptkomponente der Hafererträge. Für die weiteren Hauptkomponenten ergeben sich ähnliche Ergebnisse, auf deren Darstellung aus Platzgründen verzichtet werden muß. Gleiches gilt für die übrigen Getreidearten.

Abb. 18a zeigt die Ladungen der ersten Hauptkomponente der Zeitreihen der Rübenerträge, die 25% der Gesamtvarianz erklärt. Die Zeitreihe der Koeffizienten korreliert hochsignifikant positiv mit der Häufigkeitssumme der Großwetterlagen, die mit unterdurchschnittlichen Niederschlagshöhen während der Monate der Vegetationsperiode verbunden sind.

In den vorangegangenen Abschnitten konnte gezeigt werden, daß zwischen der Summe zonaler bzw. meridionaler Großwetterlagen und den Ernteerträgen unterschiedlicher Produkte teilweise signifikante Beziehungen bestehen, deren großflächige Raummuster mit Änderungen der Zirkulationsstruktur systematische Variationen erfahren. Da die breitenkreisparallele bzw. längenkreisparallele Orientierung der Frontalzone durch ihre nie-

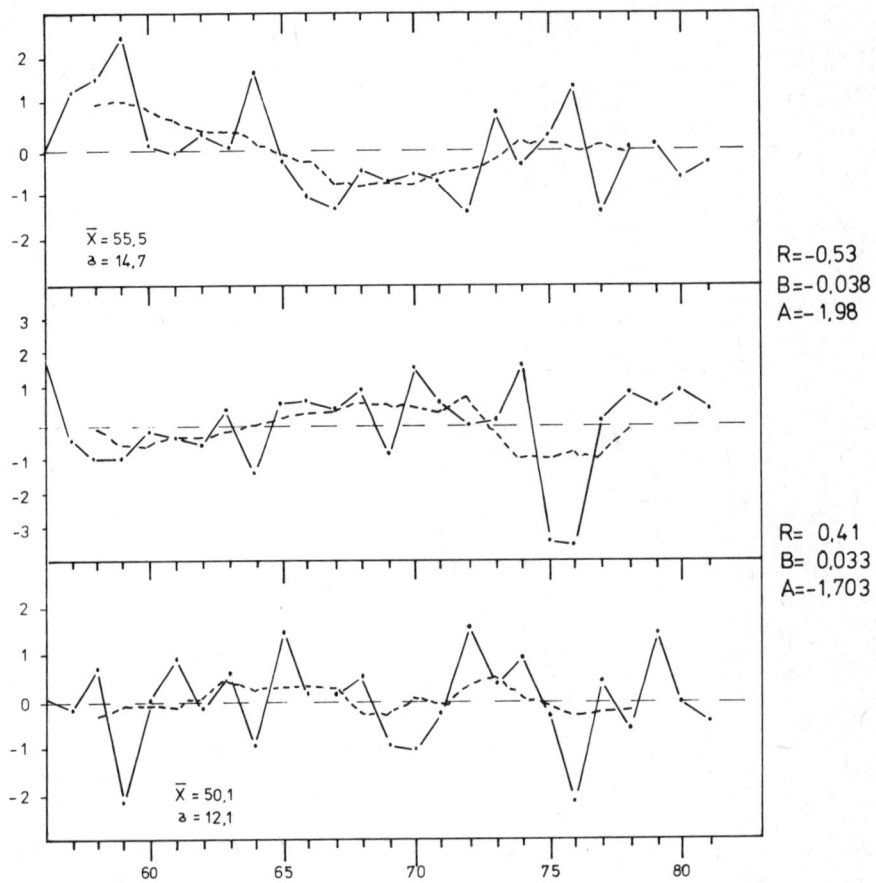

Abb. 17. (b)
oben: Standardisierte Häufigkeiten der Großwetterlagen während der Monate März bis August der Jahre 1956–1981, die mit überdurchschnittlich wolken- und regenarmem Wetter in der BRD und Teilen Europas verbunden sind.
mitte: Zeitreihe der Koeffizienten der ersten Hauptkomponente der jährlichen Kartoffelerträge 1956–1981.
unten: Standardisierte Häufigkeit der Großwetterlagen während der Monate März bis August der Jahre 1956–1981, die mit überdurchschnittlich hohen Tagesniederschlägen in der BRD und weiten Teilen Mitteleuropas verbunden sind

derschlagsgenetische Wirksamkeit bedeutenden Einfluß auf die Feuchtebedingungen nimmt, diese aber wiederum meist hochsignifikant positiv bzw. negativ mit den Ernteerträgen korrelieren, darf die Ursache der systematischen Änderungen der Korrelationskoeffizienten, die im vorangegangenen Abschnitt aufgezeigt wurde, in den mit der Lage der Frontalzone verbundenen niederschlagsgenetischen Prozessen gesehen werden. Es ist nicht zu

Abb. 18. (a)
Raummuster der Ladungen der ersten Hauptkomponente der Zeitreihen der jährlichen Rübenerträge 1956–1981

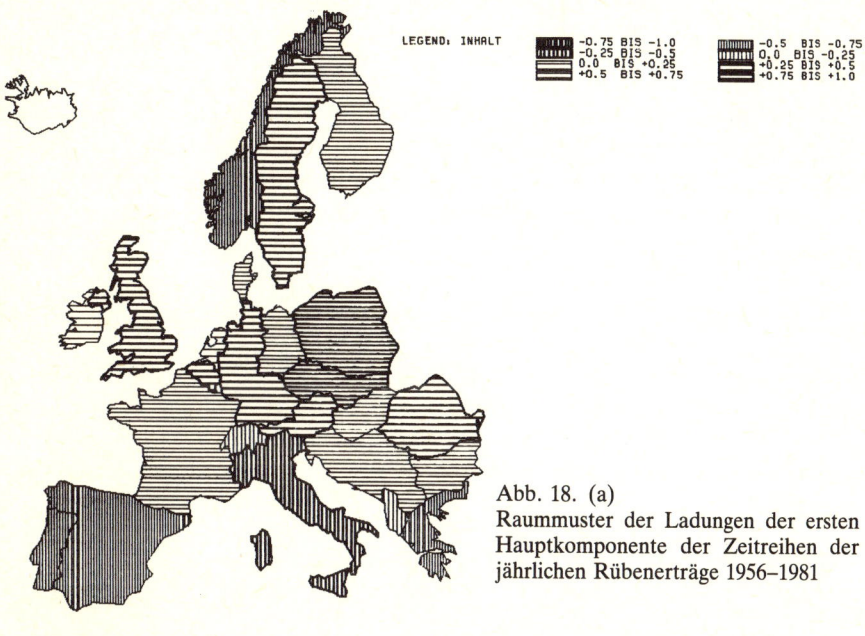

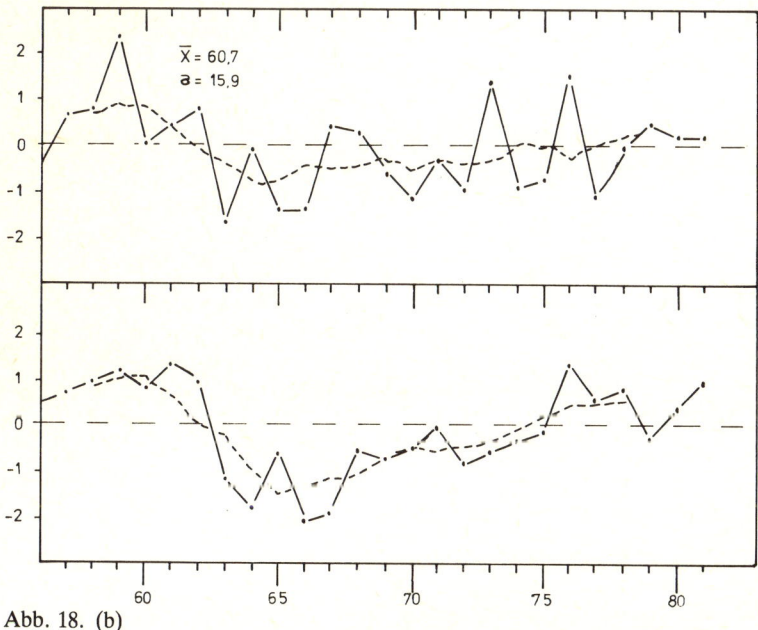

Abb. 18. (b)
oben: Standardisierte Häufigkeiten der Großwetterlagen während der Monate März bis August der Jahre 1956–1981, die mit überdurchschnittlich wolken- und regenarmem Wetter in der BRD und weiten Teilen Mitteleuropas verbunden sind.
unten: Zeitreihe der Koeffizienten der ersten Hauptkomponente der jährlichen Rübenerträge 1956–1981

erwarten, daß eine Analyse der Beziehungen zwischen Zirkulationsgeschehen und Ernteerträgen, die im vorliegenden Maßstab durchgeführt wird, bei weitergehender Spezifizierung des großwetterlagenabhängigen Witterungsgeschehens zu einer Verbesserung der statistisch gesicherten Ergebnisse führt. Alle Versuche, die in dieser Richtung im Rahmen dieser Arbeit unternommen wurden, führten zu allenfalls unwesentlichen Verbesserungen des Erklärungsansatzes.

8. Hauptkomponentenanalyse der Großwetterlagen

Die Zeitreihen der Häufigkeiten der Großwetterlagen können gleichfalls nach Ähnlichkeiten der zeitlichen Häufigkeitsvariationen zu Hauptkomponenten zusammengefaßt werden. Bei Berücksichtigung der Monate März bis August führt das Verfahren zur Extraktion der in Tabelle 2 aufgeführten Hauptkomponenten. Hohe Ladungen auf den Hauptkomponenten bedeuten, daß die entsprechende Großwetterlage einen erheblichen Erklärungsanteil für die entsprechende Hauptkomponente liefert. Für die erste Hauptkomponente sind dies die Großwetterlagen WZ, TM, NEA, HFZ, HNFA, SEA, SEZ und TB. Zu deren zeitlichen Variation verhalten sich die Großwetterlagen mit hohen negativen Ladungen wie beispielsweise SWZ, NWA, NWZ und HNA invers. Ähnliches gilt für die übrigen Hauptkomponenten.

Die Zeitreihe der Koeffizienten der ersten Hauptkomponente der Häufigkeitsentwicklung der Großwetterlagen, die 14% der Gesamtvarianz erklärt, ist in Abb. 19 angegeben. Dazu sind die Zeitreihen der Koeffizienten der Hauptkomponenten der Gersteerträge aufgeführt.

Die Zeitreihen der aus den Großwetterlagen und den Erträgen nach Ähnlichkeitskriterien der zeitlichen Fluktuationen extrahierten Hauptkomponenten können nun miteinander korreliert werden. Es ergeben sich die in Tabelle 3 zusammengestellten und mit R bezeichneten Korrelationskoeffizienten. Es korreliert die Zeitreihe der ersten Hauptkomponente der Gersteerträge hochsignifikant positiv mit den Koeffizienten der zweiten Hauptkomponente der Großwetterlagen. Höchste positive Ladungen zeigen die Nordlagen (NA, NZ, NEA) und die Südlagen (SEZ, SA, SZ), höchste negative Ladungen die Großwetterlagen Trog über Mitteleuropa (TRM), Nordostlagen (NEZ), sowie Hoch über Nordmeer und Fennoskandien (HNFZ). Erstere Lagen sind mit überdurchschnittlich geringen, letztere mit überdurchschnittlich hohen täglichen Niederschlagssummen verbunden (Ungewitter, 1970). Im Falle hoher positiver Koeffizienten der Zeitreihe der zweiten Hauptkomponente der Großwetterlagen sind demnach die niederschlagsarmen Lagen mit hoher Häufigkeit vertreten, im Falle negativer Koeffizienten die mit überdurchschnittlichem Niederschlag verbundenen Großwetterlagen.

Abb. 20 zeigt das Raummuster der Ladungen für die erste Hauptkomponente der Gersteerträge. Positive Ladungen dominieren nahezu im gesamten

Tabelle 2. Ladungen der ersten sechs Hauptkomponenten, die aus den Zeitreihen der Häufigkeiten der Großwetterlagen während der Monate März bis August (1956–1981) extrahiert wurden

Hauptkomponente:		1	2	3	4	5	6
WA	1	− 0.056	− 0.137	− 0.110	0.406	− 0.416	0.423
WZ	2	0.337	− 0.317	0.363	− 0.169	0.144	− 0.518
WS	3	− 0.383	− 0.082	− 0.075	0.738	0.185	− 0.139
WW	4	− 0.214	− 0.065	− 0.285	− 0.167	− 0.195	0.002
SWA	5	− 0.266	− 0.085	0.325	− 0.466	0.164	0.378
SWZ	6	− 0.734	0.189	0.374	0.111	− 0.062	0.145
NWA	7	− 0.478	0.107	− 0.343	0.262	− 0.080	− 0.417
NWZ	8	− 0.627	− 0.125	− 0.177	0.093	0.077	0.405
HM	9	− 0.139	0.215	− 0.223	0.340	− 0.223	− 0.179
BM	10	− 0.301	0.088	− 0.221	− 0.480	− 0.350	− 0.100
TM	11	0.464	− 0.212	− 0.310	0.373	0.271	− 0.049
NA	12	− 0.083	0.403	0.014	0.263	0.435	0.046
NZ	13	− 0.099	0.485	0.319	0.204	0.435	− 0.337
HNA	14	− 0.459	0.343	0.166	− 0.076	− 0.321	− 0.110
HNZ	15	− 0.114	0.294	0.129	− 0.336	0.515	0.062
HB	16	0.188	0.262	0.485	− 0.083	+ 0.440	0.140
TRM	17	0.153	− 0.700	− 0.302	0.024	0.042	− 0.053
NEA	18	0.394	0.444	− 0.444	− 0.328	− 0.047	− 0.149
NEZ	19	0.012	− 0.542	0.451	− 0.020	0.046	0.546
HFA	20	0.286	− 0.035	− 0.623	− 0.331	− 0.178	− 0.038
HFZ	21	0.378	0.034	− 0.091	0.141	0.472	0.012
HNFA	22	0.631	0.162	0.410	0.164	− 0.153	− 0.244
HNFZ	23	− 0.212	− 0.543	− 0.195	− 0.316	0.419	0.098
SEA	24	0.603	0.139	− 0.237	0.293	− 0.240	0.218
SEZ	25	0.593	0.446	0.136	− 0.184	0.165	− 0.001
SA	26	0.128	0.602	0.068	0.095	− 0.099	0.604
SZ	27	− 0.207	0.471	− 0.384	− 0.236	0.148	− 0.099
TB	28	0.475	− 0.104	− 0.001	0.109	− 0.071	
TRW	29	0.102	− 0.373	0.489	− 0.022	− 0.285	
erklärter Varianzanteil an der Gesamtvarianz		14%	10%	8,7%	8%	7,4%	7%

europäischen Raum. Das dargestellte Muster mit maximalen Komponenten in Mitteleuropa ist dann bedeutsam, wenn die Koeffizienten der ersten Hauptkomponente positiv sind. Die Zeitreihe der Koeffizienten der ersten Hauptkomponente der Gersteerträge korreliert hoch positiv mit der Zeitreihe der Koeffizienten der zweiten Hauptkomponente der Großwetterla-

Tabelle 3. Korrelationskoeffizienten R, Regressionskoeffizienten B und Regressionskonstanten A für die Korrelation zwischen den Koeffizienten der ersten sechs Hauptkomponenten der jährlichen Gersteerträge (1956–1981), die mit PROD bezeichnet sind und den Koeffizienten der ersten sechs Hauptkomponenten, die aus den Zeitreihen der Häufigkeiten der Großwetterlagen während der Monate März bis August (1956–1981) extrahiert wurden und durch GWL ausgewiesen sind

PROD-GWL		1	2	3	4	5	6
1	R	− 0.0847	0.4877	0.0604	− 0.1183	0.0511	− 0.0833
	B	− 0.0847	0.4877	0.0604	− 0.1183	0.0511	− 0.0833
	A	0.0000	0.0000	0.0000	− 0.0000	0.0000	− 0.0000
2	R	− 0.0982	− 0.1350	0.2700	0.0104	− 0.3630	− 0.0194
	B	− 0.0989	− 0.1360	0.2720	0.0105	− 0.3657	− 0.0195
	A	0.0530	0.0530	0.0530	0.0530	0.0530	0.0530
3	R	0.2128	− 0.3429	0.1911	− 0.1970	0.3194	− 0.0923
	B	0.2328	− 0.3753	0.2091	− 0.2155	0.3496	− 0.1010
	A	− 0.0759	− 0.0759	− 0.0759	− 0.0759	− 0.0759	− 0.0759
4	R	0.1802	0.0569	− 0.0155	0.0298	0.3260	0.0420
	B	0.1743	0.0550	− 0.0150	0.0288	0.3153	0.0406
	A	− 0.0631	− 0.0631	− 0.0631	− 0.0631	− 0.0631	− 0.0631
5	R	0.0452	0.0898	− 0.1597	0.1445	0.1046	− 0.2392
	B	0.0432	0.0857	− 0.1524	0.1379	0.0998	− 0.2282
	A	− 0.0350	− 0.0350	− 0.0350	− 0.0350	− 0.0350	− 0.0350
6	R	− 0.3816	− 0.2005	0.0657	− 0.0737	0.1938	− 0.0646
	B	− 0.3914	− 0.2057	0.0674	− 0.0756	0.1988	− 0.0663
	A	0.0645	0.0645	0.0645	0.0645	0.0645	0.0645

SIGN. GRENZEN: 95%: 0.38; 99%: 0.48

gen. Das bedeutet nach den oben gegebenen Ausführungen, daß eine Zunahme der mit geringen Niederschlagssummen verbundenen Großwetterlagen eine Zunahme der Gersteproduktion bedingt, eine Häufigkeitszunahme der durch überdurchschnittliche Niederschlagssummen gekennzeichneten Großwetterlagen hingegen eine Ertragsabnahme auslöst.

Eine Durchsicht der in Tabelle 3 zusammengestellten Korrelationskoeffizienten zwischen den Zeitreihen der Koeffizienten der Hauptkomponenten der Gersteerträge und der der Großwetterlagen zeigt, daß nur noch wenige der Korrelationskoeffizienten das Signifikanzniveau erreichen.

Formale Zusammenfassungen gemäß der Hauptkomponentenanalyse erbringen also im beschriebenen Fall nur einen verhältnismäßig geringen

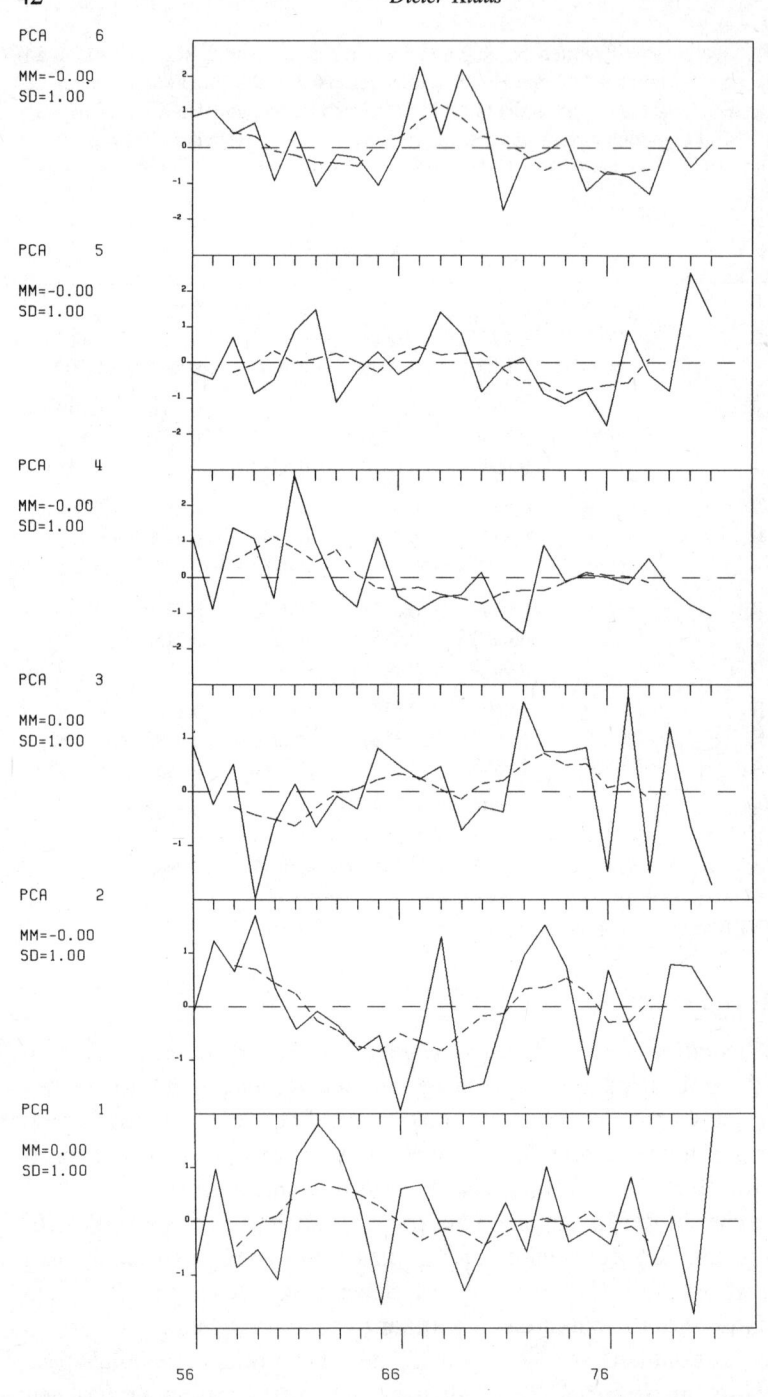

Abb. 19.
links: Zeitreihen der Koeffizienten der ersten sechs Hauptkomponenten der Häufigkeiten der Großwetterlagen Europas während der Monate März bis August 1956–1981

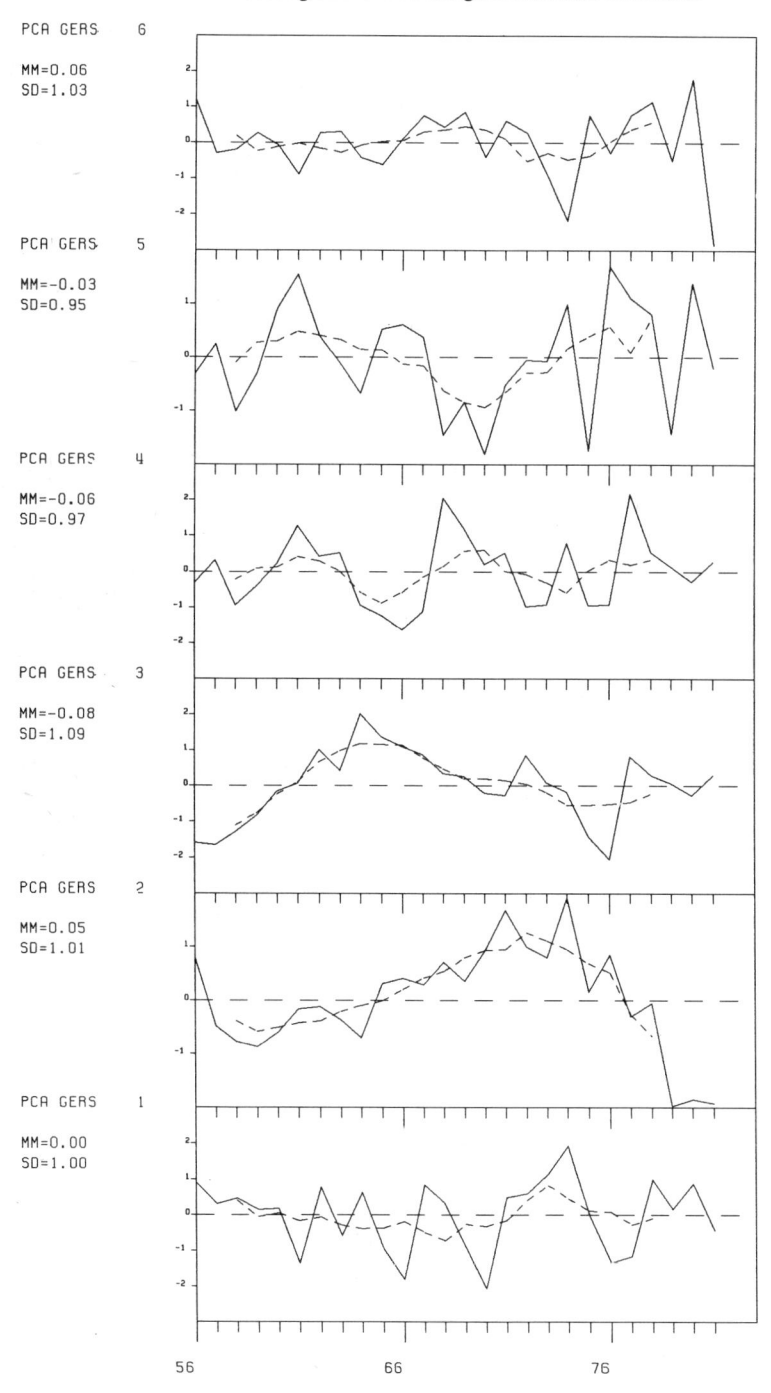

Ernteertrag und Großwettergeschehen in Deutschland 43

rechts: Zeitreihen der Koeffizienten der ersten sechs Hauptkomponenten der jährlichen Gersteerträge

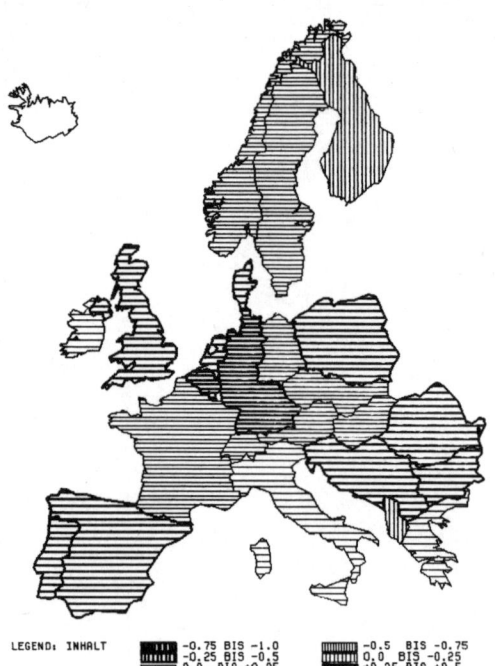

Abb. 20. Raummuster der Ladungen der ersten Hauptkomponente der Zeitreihen der jährlichen Gerstenerträge 1956–1981

Erklärungsanteil an der Gesamtvarianz der beteiligten Zeitreihen. Es erscheint demnach günstiger, die Großwetterlagen nach bestimmten Witterungscharakteristika zusammenzufassen und dann mit den Zeitreihen der Koeffizienten der Hauptkomponenten der Erträge zu korrelieren, wie dies im vorangegangenen Abschnitt erfolgte.

9. Diskussion

Eine langfristige Wettervorhersage ist bis heute nicht möglich. Mit einigem Erfolg lassen sich aus verschiedenen Indikatoren, wie beispielsweise den Oberflächentemperaturen des nördlichen atlantischen Ozeans, der Entwicklung der Sonnenfleckenrelativzahlen etc. mit hinreichender Irrtumswahrscheinlichkeit Prognosen des großräumigen langfristigen Zirkulationsgeschehens über Europa erstellen.

In der Mehrzahl der bis heute vorliegenden Arbeiten, die den Zusammenhang zwischen Klima und landwirtschaftlicher Produktion zum Gegenstand haben, werden die Ausprägungen einzelner Klimaelemente im Verlauf der Vegetationsperiode mit den Produktionsergebnissen korreliert (Pintér, 1958; Mayr, 1969; Babaey, 1973 u. a.). Die Untersuchungen von Baumann und Weber (1966) machen in diesem Zusammenhang deutlich, daß der Witterungsablauf in jedem Abschnitt der Vegetationsperiode einen sehr bedeutsamen Einfluß auf die Ertragshöhen nimmt. Da eine längerfristige exakte Prognose des Witterungsablaufes in den Abschnitten der Vegetationsperiode bisher ausgeschlossen ist, können die aufgedeckten Zusammenhänge nur nachträglich zur Erklärung der Ertragsrückgänge genutzt werden. Lediglich der Ertrag, der für eine bereits fortgeschrittene aber noch nicht gänzlich abgelaufene Vegetationsperiode zu erwarten ist, läßt sich mit Hilfe linearer multipler Regressionen aus den zeitlichen Variationen der Klimaelemente im bereits abgeschlossenen Abschnitt der Vegetationsperiode vorausschätzen (Hanus, 1975; Hanus, 1978).

Mindestens ebenso bedeutsam wie die Aufdeckung der Zusammenhänge zwischen den Klimaelementen und den Ernteerträgen ist die Frage, wie weiträumig sich Klimaanomalien positiv oder negativ auf die Ernteerträge auswirken. Auf der Grundlage bisheriger Ereignisse konnte Rauner (1980) das großflächige simultane Auftreten von Dürren auf der Nordhemisphäre belegen. Die Konsequenzen für die Welternährung im Falle weitflächig auftretender dürrebedingter Ertragsrückgänge können kaum überschätzt werden.

Zusammenhänge zwischen Zirkulationsanomalien und Ernteerträgen, die notwendigerweise nur aus überregionaler Perspektive zu behandeln sind, werden von Sakamoto u. a. (1979) diskutiert. Ähnlich wie in der vorliegenden Arbeit wird die Bedeutung steuernder Hochdruckgebiete und spezieller Hochdrucklagen für die Höhe der Erträge deutlich.

Die vorliegende Arbeit liefert einen Beitrag zur Ertragsvorausschätzung in zweierlei Hinsicht: einerseits wird das simultane Auftreten von Ernterückgängen auf der Grundlage der bisher vorliegenden Daten quantitativ abgeschätzt, andererseits werden Zirkulationsbedingungen über die Großwettercharakteristik herausgearbeitet, die großflächige Ertragsänderungen auslösen. Da die großräumigen Zirkulationsstrukturen langfristiger vorhersagbar sind als die örtlichen Ausprägungen der Klimaelemente, vermitteln die aufgeführten Zusammenhänge zwischen Großwettergeschehen und Ernteertrag Möglichkeiten einer groben Vorausschau der Ertragsentwicklung. Die angewandten Verfahren könnten durch weitere zeitliche und regionale Differenzierungen der Vegetationsperiode verfeinert werden, da die langfristige Prognose der Zirkulationsstrukturen aber allenfalls generelle Aussagen wie verstärkte Zonalität bzw. Meridionalität zuläßt, kann dadurch die Genauigkeit der Ertragsprognose nicht erhöht werden. Soll nur die Ertragsgestaltung in der bereits angelaufenen Vegetationsperiode vorausgeschätzt werden, so sind die von Hanus u. a. vorgeschlagenen Verfahren, die auf den örtlich gemessenen Klimaelementen basieren, gegenüber den hier beschriebenen Methoden zu bevorzugen.

Literatur

BABAEY, A. (1973): Untersuchungen über Entwicklung, Wachstum und Ertrag als Beitrag zur Erforschung des Produktivitätstyps Sommerweizen mit besonderer Berücksichtigung von Photoperiode und Temperatur. Inst. f. Pflanzenbau und Pflanzenzüchtung, Gießen, Dissertation.

BAUMANN, H., E. WEBER (1966): Versuch einer statistischen Analyse der Beziehungen zwischen Witterung und Ertrag mit Hilfe multipler Regressionen. Mitt. Dtsch. Wetterd. No. 32/5, Offenbach.

BÜRGER, K. (1958): Zur Klimatologie der Großwetterlagen. Ber. Dtsch. Wetterd. No. 45/6, Offenbach.

BUTZ, E. (1975): Report on the influence of weather on U.S. grain production. U.S. Dept. of Agriculture, Washington D.C., Reprint.

FRANKENBERG, P. (1984): Ähnlichkeitsstrukturen von Ernteertrag und Witterung in der Bundesrepublik Deutschland. Wiesbaden, 1984.

HANUS, H. (1975): Vorhersage der Ernteerträge größerer Gebiete aus Witterungsdaten. Ber. Intern. Ertragsschätzungssymp., Kompolt, Ungarn 8, S. 1–21.

HANUS, H. (1978): Studienbericht über Untersuchungen zur Vorhersage von Ernteerträgen aus Witterungsdaten in den Ländern der E.G., Reprint eines Manuskriptes.

HESS, P., H. BREZOWSKY (1969): Katalog der Großwetterlagen Europas. Ber. Dtsch. Wetterd. No 113/15, Offenbach.

IMPACT-Team (1977): Der Klima Schock. Gütersloh, 1977.

MAYR, E. (1969): Der Aussagewert von einfachen Korrelationen und Teilkorrelationen zwischen meteorologischen Meßwerten und dem Ertrag sowie der Vegetationsdauer, untersucht an Sommergerste und Sommerweizen. Zeitsch. f. Acker- und Pflanzenbau, Bd. 129, S. 112–120.

MC DONALD, J. E., C. R. GREEN (1960): Effects of inhomogenity and record length on estimates of correlation and variability of precipitation data. Journ. Geophys. Res. 65, S. 2375–2381.

MEYER ZU DÜTTINGDORF, A. M. (1978): Klimaschwankungen im maritimen und kontinentalen Raum Europas seit 1871. Paderborn, Schöningh Verlag.

PINTÉR, L. (1958): Einfluß der meteorologischen Faktoren auf die Ernteergebnisse der wichtigsten Ackerpflanzen. Angew. Meteorologie, Bd. 3/3, S. 77–95.

RAUNER, Y. und L. (1980): The synchronous recurrence of droughts in the grain growing regions of the northern hemisphere. Soviet Geography Dd. 3, S. 159–178.

SAKAMOTO, C., N. STROMMEN, Y. AUGUSTINE (1979): Assessment with agroclimatological information. Climatic Change, Bd. 2, S. 7–20.

SCHNEIDER, S. H. (1978): Klima in Gefahr. Frankfurt, 1978.

SKAGGS, R. H. (1975): Drought in the U.S. 1931–1940. Ann. Ass. American Geographers, Bd. 65, S. 391–402.

STATISTISCHES BUNDESAMT (1954–1981): Statistisches Jahrbuch für die Bundesrepublik Deutschland. Stuttgart und Mainz.

Thompson, L. M. (1975): Weather Variability, Climatic Change and Grain Production. Science Bd. 188, S. 535–541.
Überla, K. (1968): Faktorenanalyse. Berlin, Heidelberg, New York.
Ungewitter, G. (1970): Studien über tägliche Niederschlagssummen für das Gebiet der Bundesrepublik Deutschland. Meteorol. Rdsch. Bd. 23/4, S. 114–117.